绿色施工
技术与管理

GREEN
CONSTRUCTION
TECHNOLOGY
AND
MANAGEMENT

蒋　波
张建江
葛立军
刘占省
等 编著

中国电力出版社
CHINA ELECTRIC POWER PRESS

内 容 提 要

本书通过对绿色施工概念的解读，论述了绿色施工的发展与推进，同时围绕"五节一环保"，依据绿色施工框架，从施工管理、环境保护、节材与材料资源利用、节水与水资源利用、节能与能源利用、节地与土地资源保护、人力资源节约与保护以及现代信息技术应用八个方面讲解了绿色施工技术与管理相关方面的知识。

本书主要面向建设、监理与施工单位相关人员及相关专业高校学生，为相关单位以及相关技术人才了解绿色施工知识提供参考。

图书在版编目（CIP）数据

绿色施工技术与管理 / 蒋波等编著．—北京：中国电力出版社，2022.1（2023.10重印）
ISBN 978-7-5198-6100-1

Ⅰ．①绿… Ⅱ．①蒋… Ⅲ．①生态建筑–建筑施工 Ⅳ．①TU74

中国版本图书馆 CIP 数据核字（2021）第 246814 号

出版发行：中国电力出版社
地　　址：北京市东城区北京站西街 19 号（邮政编码 100005）
网　　址：http://www.cepp.sgcc.com.cn
责任编辑：王晓蕾（010-63412610）
责任校对：黄　蓓　马　宁
装帧设计：张俊霞
责任印制：杨晓东

印　　刷：三河市航远印刷有限公司
版　　次：2022 年 1 月第一版
印　　次：2023 年 10 月北京第二次印刷
开　　本：787 毫米×1092 毫米　16 开本
印　　张：14.5
字　　数：365 千字
定　　价：68.00 元

《绿色施工技术与管理》编委会

前　言

　　推行绿色施工，是建筑业贯彻国家可持续发展战略的重大举措。党中央对生态文明建设做出了顶层设计和总体部署，明确将生态文明建设提升至与经济、政治、文化、社会四大建设并列的高度，成为中国特色社会主义事业"五位一体"总体布局的重要组成部分。《中共中央关于制定国民经济和社会发展第十四个五年规划和二〇三五年远景目标的建议》明确提出："推动绿色发展，促进人与自然和谐共生。坚持绿水青山就是金山银山理念，坚持尊重自然、顺应自然、保护自然，坚持节约优先、保护优先、自然恢复为主，守住自然生态安全边界。深入实施可持续发展战略，完善生态文明领域统筹协调机制，构建生态文明体系，促进经济社会发展全面绿色转型，建设人与自然和谐共生的现代化。"

　　我国经济经过了 30 多年的快速发展，粗放的生产方式消耗了大量的宝贵资源。据统计，我国每年建筑工程材料消耗量占全国消耗量的比例约为：钢材占 25%，木材占 40%，水泥占 70%。同时，每年产生的建筑废弃物数量惊人。资源利用率低下，能耗物耗巨大，污染排放集中，这些都对建筑业乃至整个社会经济的健康发展形成了极大的资源环境压力。

　　党的十八大以来，生态环境保护得到了各级政府部门的高度重视。在"实行最严格的生态环境保护制度""打赢蓝天保卫战""推进资源全面节约和循环利用，实施国家节水行动，降低能耗、物耗，实现生产系统和生活系统循环链接"等一系列理论与实践创新的指导下，各级地方政府均出台了与环境保护和节约资源相关的法律法规和标准。中央每年组建多个环保督察组对全国作业场所开展环保督察工作，各地的环境监督和惩治力度也在逐年加强，对存在的违法违规行为进行了严厉的处罚，力度之大前所未有。这些充分体现出当前环境保护工作的重要性、严峻性和紧迫性，也体现出党中央对加快建设资源节约型社会、促进生态文明建设，推进绿色发展的决心。

　　我国社会经济发展进入了新常态，建筑业的产能过剩也在倒逼行业优化生产方式，提升质量与效益，绿色施工正当其时。绿色施工作为建筑全生命周期中的一个重要阶段，是实现建筑领域资源节约、节能减排、环境保护等绿色发展的关键环节。国家大力推进绿色发展，建筑施工企业与相关单位积极响应，但由于业内对绿色施工概念的模糊认识，特别是诸如绿色建筑、低碳施工、清洁生产等各种新知识、新概念纷至沓来,使人们眼花缭乱、应接不暇,行动上更是捉襟见肘,难能真正落到实处;工程建设中理解绿色施工相关的技术人才短缺,并且施工作业人员对绿色施工技术知识掌握的程度较低,急需相应的资料与文献对绿色施工管理与技术相关知识进行总结及讲解。

本书主要围绕"五节一环保"几个方面,介绍了当前建筑工程施工现场具有领先意义以及推广价值的绿色施工管理技术,总结了国内绿色施工相关技术应用与项目管理方面的最新进展,同时也体现了法律法规、标准规范的最新要求,具有较强的适用性、实用性和可操作性。本书共分为10章,主要内容包括绿色施工的概念、绿色施工的发展与推进、绿色施工管理、环境保护措施及实施重点、节材与材料资源利用措施及实施重点、节水与水资源利用措施及实施重点、节能与能源利用措施及实施重点、节地与土地资源保护措施及实施重点、人力资源节约与保护措施及实施重点、现代信息技术应用。

本书对房屋建筑与市政基础设施工程施工现场具有较好的指导性意义,可为相关单位与相关专业高校学生提供参考资料,也可作为高校学生学习绿色施工的教材。

本书在编写过程中参考和借鉴了大量专业文献与有关专业书籍,汲取了许多行业专家的经验,以及众多建筑工程项目绿色施工管理技术应用的实例与经验。在此,向这部分文献的作者以及提供帮助的专家表示衷心的感谢!

由于本书编者水平有限,加之时间仓促,书中难免有疏漏之处,恳请广大读者批评指正。

编　者

目　录

第1章

绿色施工的概念

随着我国新型工业化、城镇化、信息化的深入发展和"四个全面"总体战略部署的推进，建筑业已经成为稳增长、调结构、惠民生的重点产业。面对日益严峻的环境保护形势，改善建筑业高消耗、高污染的现状，实现建筑业的可持续发展是当前建筑业面临的主要问题之一，因此绿色施工逐渐受到人们的重视。本章将首先明确绿色施工的定义，然后对与绿色施工相关的概念进行解释与比较，再简述绿色施工的原则、目的及意义，最后提出绿色施工的总体框架。

1.1 绿色施工的定义

1.1.1 绿色施工的定义及原则

绿色施工作为建筑全寿命周期中的一个重要阶段，是实现建筑领域资源节约和节能减排的关键环节。在早期的研究中，"绿色施工"定义为工程建设在保证质量、安全等基本要求的前提下，通过科学管理和技术进步，最大限度地节约资源与减少对环境负面影响的施工活动，实现"四节一环保"（节能、节地、节水、节材，环境保护）的建筑工程施工活动。随着工程建设的发展，对人员的保护和节约逐渐引起人们的重视。在这种背景下，如今的绿色施工应当增加人力资源节约与保护，成为"五节一环保"。

所谓绿色施工技术，是以资源的高效利用为核心，以环保优先为原则，追求高效、低耗、环保，统筹兼顾，实现工程质量、安全、文明、效益、环保综合效益最大化。具体说，是在施工过程中，实现最大限度地节能、节地、节材、节水、节约人力资源，减少对环境的影响，在人工、材料、机械、方法、环境等方面都实行全方位的操控和优化。

绿色施工是一种"以环境保护为核心的施工组织体系和施工方法"，其主要内容包括五大方面：一是减少不可再生能源的利用；二是尽可能增加再生能源和材料的利用；三是在项目施工过程中要充分做到废弃物回收与利用;四是在保持工程安全、结构允许、满足功能的条件下做到对材料尽可能地重复利用;五是尽可能地控制污染物的制造与排放,以保护周边生态环境。

绿色施工是可持续发展思想在工程施工中的具体应用和体现。绿色施工技术绝不是一个全新的技术,也不是独立于传统施工技术,而是用"可持续发展"的眼光重新审视传统施工技术,是符合可持续发展战略的施工技术。绿色施工是一种过程。关键在于基于绿色理念,通过科技和管理进步的方法,对施工组织设计和施工方案所确定的工程做法、设备和用材提出优化和完善的建议意见,促使施工过程安全文明、质量保证,促使实现建筑产品的安全性、可靠性、适用性和经济性,使施工过程绿色化。

1.1.2 绿色施工的原则

绿色施工的主要原则是因地制宜,体现的是施工的综合效益,对建筑业乃至国民经济发展及环境保护具有重要意义。绿色施工要求贯彻执行国家、行业和地方相关的技术政策,符合国家的法律、法规及相关的标准规范,实现经济效益、社会效益和环境效益的统一。施工企业应运用 ISO14000 环境管理体系和 OHSAS18000 职业健康安全管理体系,将绿色施工有关内容分解到管理体系目标中去,使绿色施工规范化、标准化。

在确保工程质量和安全的前提下,绿色施工必须遵循以下原则:

(1)绿色施工是整个建筑全生命周期的重要阶段。绿色施工可以有效地节约资源,减少能源消耗,有效地践行可持续发展的理念,增强民众环境保护意识。

(2)实施绿色施工工程,应在工程施工计划、工地材料采购、项目现场施工、工程施工验收等各个阶段贯彻绿色环保理念,遵循绿色施工相关条例,采用绿色施工技术,并对整个绿色施工过程加强管理和监督。

(3)绿色施工的目标是创建环保建筑,拉近人与自然的关系,创建人与自然的生态平衡发展,重点在于建造过程中的绿色环保问题。在实施绿色施工工艺和选择绿色材料的过程中,更要重视绿色管理模式的实施。

1.2 绿色施工的目的与意义

1.2.1 绿色施工的目的

绿色施工是为了切实转变城乡建设模式和建筑业发展方式,推进建筑领域节能减排,建设资源节约型、环境友好型社会,达到可持续发展目的。建筑工程绿色施工以资源的高效利用为核心,以环保优先为原则,以追求高效、环保、低耗为目标,是建筑全生命周期的重要组成部分,切实体现建筑施工中的可持续发展理论。

作为建设项目施工过程的一个系统工程,绿色施工的实施需要各个方面的配合和协调,同时对人员、技术和物资配置也有一定的要求。绿色施工项目的价值在于能够将技术和管理措施分解到各个分部分项工程中,同时结合具体施工工艺,提高绿色施工相关规定在执行中的针对性和可操作性。实际工程中,绿色施工在工程项目中主要通过以下四个方面实现其目标:

1. 减少现场和周边环境的影响

在建设项目的施工过程中,无论前期施工准备时的平整场地、临时设施的搭建,还是在主体施工过程中的开挖土方、处理建筑垃圾等工作,都对原状地质环境有着直接或间接的影响,甚至造成破坏及扰动。所以,在前期规划设计阶段、施工前准备阶段和施工过程中,为了实现绿色施工的目标,必须切实做到科学设计、合理规划、认真勘察、加强施工管理,最大限度地减少对场地原状土质环境的干扰及破坏。

房屋建筑施工过程中会产生灰尘、建筑垃圾、噪声,甚至会产生一定量的有毒有害气体,这些都严重危害人们的身心健康,并污染周边环境。因此,绿色施工最基本的要求就是在施工过程最大限度地降低这些污染产生的影响,尽最大努力保护周边环境。

2. 因地制宜合理施工

我国地域广阔,东西南北跨度都很大,人文、地质和气候差异较大。在房屋建筑施工地区变动工程中,要及时掌握当地人文风俗、地质及气候特点,根据实际情况制订有针对性的科学的施工方案,避免不必要的措施费用投入,同时避免各项资源和能源使用量的增加。在施工前应掌握气象资料,合理安排施工顺序,选择科学的施工方法和施工工艺,为项目建设做好相应的施工准备。

3. 节约资源能源

建设项目的施工过程是一个将各种资源、能源大消耗大转换的过程。只有在这个过程中时刻注意最大限度节约所有资源能源,合理安排项目管理才是真正意义上的绿色施工和贯彻实施可持续发展的战略要求。

4. 实施科学管理,提高综合效益

当前我国的绿色施工仍处在起步阶段。最为突出的特点是技术水平不高、制度配套不健全、成本较高,所以施工企业实施绿色建筑施工技术的积极性不高。要想大力推行绿色施工技术,首先要提高技术水平和管理水平,同时还要结合实施绿色施工以及提高综合经济效益,把企业被动强制性实施变为主动积极响应。只有这样,才能更快更好地推行落实绿色施工,进而实现绿色建筑的目标。

1.2.2　绿色施工的意义

绿色施工中的"绿色"着重强调原生态保护。人类只有一个地球，我们要保护人类赖以生存的环境；地球的资源是有限的，需要人们节约资源；生命是宝贵的，我们每个人都要珍惜生命，确保人身安全；要充分利用资源获取精品，以最小的成本，获得最大的收益。工程建设中，在保证质量、安全等基本要求的前提下，通过科学管理和技术进步，最大限度地节约资源与减少对环境负面影响的施工活动，实现"五节一环保"，这就是绿色施工的意义所在。

推进绿色施工，说到底是施工行业贯彻科学发展观思想，实现国家可持续发展、保护环境、勇于承担社会责任的一种积极应对措施；是企业面对严峻的经营形势和严酷的环境压力，自我加压、挑战历史和未来工程建设模式的一种施工活动。工程施工对环境的集中性、持续性和突发性影响，决定了建筑业推进绿色施工的迫切性和必要性。切实推进绿色施工，使施工过程真正做到"五节一环保"，对于促使环境友好，提升建筑业整体水平具有重要意义。绿色施工基于国家和社会的整体利益，着眼于微观行业实施控制的方法，所强调的"节约"是建立在人类自然和社会环境基础上的节约，意在创造一种对人类自然和社会环境影响最小，利于资源高效利用和保护的全新施工体系。

1.3　绿色施工的总体框架

在建设项目施工过程中，绿色施工全过程主要包括施工策划、确定方案、采购物资、施工组织以及工程验收等方面，绿色施工管理过程总体框架涵盖了施工管理、环保、节材、节水、节能、节地六个方面的基本指标。

2007年建设部发布的《绿色施工导则》中提出了绿色施工的总体框架。随着"五节一环保"的提出及信息技术与建筑业的融合，在《绿色施工导则》的总体框架基础上添加了人力资源节约与保护和现代信息技术，成为更加契合发展的绿色施工框架。新的绿色施工总体框架由施工管理、环境保护、节材与材料资源利用、节水与水资源利用、节能与能源利用、节地与施工用地保护、人力资源节约与保护和现代信息技术八个方面组成。这八个方面涵盖了绿色施工的基本指标，同时包含了施工策划、材料采购、现场施工、工程验收等各阶段的指标。具体绿色施工框架如图1.3-1所示，后面的章节也将依照绿色施工总体框架展开。

图 1.3-1 绿色施工框架图

1.4 绿色施工与传统施工的联系

施工是指具备相应资质的工程承包企业,通过管理和技术手段,配置一定资源,按照施工组织设计和施工方案,为实现合同目标在工程现场所进行的各种生产活动。如图 1.4-1 所示,施工的概念涵盖五个要素:对象、资源配置、方法、验收和目标。绿色施工与一般施工一样,同样具有五个要素,且对象、资源配置、实现方法、产品验收都是相同的,但

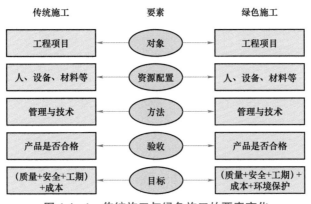

图 1.4-1 传统施工与绿色施工的要素变化

是绿色施工的施工目标管理数量有所增加，绿色施工更加强调以人为本、减轻劳动强度、改善作业条件的施工理念。

在我国不同时期和时代背景下，工程施工的目标值设定是不尽相同的。如改革开放前施工目标为：质量+安全+工期；改革开放后施工目标为：（质量+安全+工期）+成本。绿色施工目标为：（质量+安全+工期）+成本+环境保护。可见，绿色施工与传统施工的主要区别在于"目标"要素中。除质量、工期、安全和成本控制外，绿色施工要求把"环境和资源保护目标"作为主控目标之一加以控制。

绿色施工与传统施工相比有很大的区别。传统施工以满足工程本身指标为目的，往往以工程质量、工期为根本目标，在节约资源和环境保护方面考虑较少，具有高投入、高消耗、高排放和低效益的特点。当其他要素与质量、工期等指标发生冲突时，采取牺牲其他要素的手段来确保质量和工期，这样做的后果常常是工程本身的质量、工期达到了要求，但工程施工中对环境产生了很大的不良影响，也浪费了大量的不可再生资源；更有甚者，工程竣工后很长时间后遗症尚在，无法达到建筑与自然和谐共生的目的。绿色施工技术是具有可持续发展思想的施工方法和施工技术在绿色施工中的具体呈现，是实现绿色节能建筑的必要技术手段。绿色施工的特点是资源节约、节能降耗、环境友好、经济高效。绿色施工在工程建设中更加注重对资源和能源的节约，对环境的有效保护，是科学发展观在建筑上的应用，对促进我国建筑行业的发展，提升现阶段我国建筑业的技术水平具有重要意义。

绿色施工与传统施工的另一处不同是"五节"与"节约"的内涵不同。绿色施工的"五节"并非以项目部"经济效益最大化"为目标，而是在环境和资源保护前提下的"五节"。这对于项目成本控制而言，往往是施工成本的增加。但这种企业效益的"小损失"换来的却是国家环境治理的"大收益"。正因为这样，绿色施工对于施工企业实质上是增加社会责任和成本支出，这也是绿色施工推进困难的内在原因。

绿色施工是以传统施工为基础，融入适宜的高新技术和可持续发展理念的新型施工方式。因此，绿色施工管理模式也应是基于传统施工管理模式的新型理念，要从建筑全生命周期出发，有效利用物联网、数据挖掘等信息技术实现"五节一环保"的绿色目标。在成本方面，绿色施工成本增加为了实现绿色施工的目标，保证各种绿色技术和设备设施的正常运行、维护、保养和更新所耗费的费用成本。故相比于传统施工，绿色施工的管理模式应具有以下特征：

（1）复杂性。绿色施工涉及众多方面，使得施工过程具有复杂性。此外，绿色施工过程涉及人员、设备、环境等多方面的目标对象，对这些目标对象的管理监测和控制度相对于传统施工更加复杂。

（2）异构性。大型绿色公共建筑的管线、设备组成复杂多样，使得绿色施工过程具有异构性。由于过程的异构性，要求该管理体系是开放式的，能够支持跨平台并兼容多厂商、多系统和多格式的多源异构数据，使它能够集成多种功能和结构各异的过程。

（3）自治性。绿色施工过程要求工作人员全面、实时了解建筑工程的运行状态，及时发现问题并给予反馈控制；需要通过对积累运行数据的挖掘分析，提前发现设施设备和能源消耗的异常状态，以改进建筑工程运行方案，提高运营成本管理的整体能效。所以，新模式下的绿色施工系统除了要具有自动化运营维护的能力，也需要具有自我管理的功能，从而减少工作人员的劳动强度。

1.5　绿色施工的相关概念

绿色施工立足于节能环保，当前有许多易于混淆的相近概念。本小节从绿色施工与节能降耗、文明施工、节约型工地、绿色建筑的关系，以及与绿色建造的区别等方面进行阐述。

1.5.1　绿色施工与节能降耗

倡导"节能降耗"活动，是当前建筑业发展的核心要求。绿色施工包含节能降耗，节能降耗是绿色施工的主要内容。推进绿色施工可促进节能降耗进入良性循环，而节能降耗将绿色施工的节能要求落到了实处。我国是耗能大国，又是能源利用效率较低的国家，当前我们必须把"节能降耗"作为推进绿色建筑和绿色施工的重中之重，抓出成效。

绿色施工以及节能降耗是建筑行业落实可持续发展战略的必经步骤，无论是建筑行业的优化升级，还是推进建筑施工往环保、节能方向进步，绿色施工以及节能降耗都是非常关键的手段。然而目前我国绿色施工以及节能降耗还没有完全深入建筑施工企业，虽然施工企业因为自身要求积极实行绿色施工以及节能降耗，而大多数施工企业，尤其是中小型施工企业因为成本、技术、市场环境等原因，对推广实行绿色施工以及节能降耗并不积极。

目前大部分施工企业还不能自发地运用可行的技术手段和有效科学的管理理念，而绿色施工以及节能降耗却必须要有成体系的思维模式和措施标准化执行的支持。现阶段我国建筑施工企业，仍存在管理人员专业素质较低，拉低企业管理水准的现象。企业对绿色施工以及节能降耗的技术运用不规范，管理不科学，没有形成制度，导致成本上升，绿色施工以及节能降耗的经济性效果无法得到体现，这些都是导致企业推行绿色施工以及节能降耗不积极的原因。

国家推行绿色施工以及节能降耗示范工程。在政府扶持的基础上，把绿色施工以及节能降耗技术推广出去，进而保证绿色施工以及节能降耗技术的大范围实施，促进其发展，是建筑企业和绿色施工专业技术人员义不容辞的责任。目前国际上的绿色施工以及节能降耗评价体系不完全符合我国的实际国情，评价体系中对施工的内容还比较粗略，而我国倡导的绿色施工以及节能降耗的内容更为具体。但是因成本的压力和技术能力不足，导致大多数建筑施工企业对绿色施工以及节能降耗技术敬而远之。绿色施工以及节能降耗的推进还没有形成行业的内在动力，经济效果也不佳，这是绿色施工以及节能降耗发展目前遇到的困境。

1.5.2 绿色施工与文明施工

绿色施工不同于文明施工。前文介绍了绿色施工不同于绿色建筑，更不同于文明施工，虽然这一概念很容易混淆，但是绝对不能等同。文明施工更多强调文化和管理层面的要求，更多地体现为现场整洁舒畅的一种感官效果，一般通过管理手段实现；绿色施工是基于环境保护，资源高效利用，减少废弃物排放，改善作业环境的一种相对具体追求，需要从管理和技术两个方面双管齐下才能有效实现。

在以前建筑业发展落后的年代，很多人从狭义的角度认为文明施工就是绿色施工，而随着国家战略政策和技术水平不断发展，国民基本文化素质的提升，绿色施工的概念和内涵不断深化。绿色施工不仅包含了文明施工，还包括环境保护，以及在施工过程中采用节水、节电和节约材料资源等施工技术。因此，绿色施工高于文明施工，严于文明施工。

绿色施工和文明施工的主体、对象、时间段、组织体系、改善条件、保护环境是相同的。文明施工是基础，绿色施工是升华。但是也存在很大区别，两者的区别见表 1.5-1。

表 1.5-1　　　　　　　　　　　　绿色施工和文明施工的关系

项目	绿色施工	文明施工
侧重点	节约和环保	整洁、卫生和安全
评价手段	量化考核	观感考评
效益	经济效益＋社会效益	社会效益
	降低碳排放、节约资源、降低成本、企业形象	安全（生产、消防、治安）、企业形象

1.5.3 绿色施工与节约型工地

建设节约型工地是建筑节能延伸的方向，节约型工地的实质就是工地节能。建设节约型工地是指以建筑施工企业为主，在施工过程中围绕施工工地，通过优化建筑施工方案，强化建筑施工过程管理，开发建筑施工新技术、新工艺、新标准等方法，运用科技进步、技术创新等手段开展节能工作，以符合建筑节能、节地、节水、节材等要求，实现资源能源的节约和循环利用。

绿色施工是以环境保护为前提的"节约"，其内涵相对宽泛。节约型工地活动相对于绿色施工，其涵盖范围相对较小，是以节约为核心的施工现场专项活动，重点突出了绿色施工的"节约"要求，是推进绿色施工的重要组成部分，对于促进施工过程最大限度地实现节水、节能、节地、节材、节约人力资源的"大节约"具有重要意义。比如目前使用广泛的雨水废水回收系统就是节约型工地的典范，通过建立初期雨水收集与再利用系统，从而充分收集自然降水用于施工和生活中适宜的部位。

1.5.4　绿色施工与绿色建筑

20 世纪 90 年代初期，兰达维尔和罗伯特·维尔所著《绿色建筑——为可持续发展而设计》一书中最早提出绿色建筑的概念：建筑物适应周边环境，实现节约能源，实现建筑材料重复式可再生利用，能够尊重建设环境并尊重客户使用需求的一个全面而整体的设计理念。绿色施工是绿色建筑全寿命周期的一个组成部分，是随着绿色建筑概念的普及而提出来的。对于绿色建筑在整个学术界还没有一个统一的认识，但是对于绿色建筑的理念是被认可的，即绿色建筑对物质建筑层面以及精神文化层面的全面认识扩展到寻求解决自然环境与人类生存环境相契合的高层次。

绿色建筑是指在建筑的全寿命周期内，最大限度地节约资源、保护环境和减少污染，为人类提供健康、适用和高效的使用空间，与自然和谐共生的建筑。其内涵主要包含三点：一是节能，这个节能是广义上的，包含了上文所提到的"五节"，主要是强调减少各种资源的浪费；二是保护环境，强调减少环境污染，减少二氧化碳排放；三是满足人们要求，提供"健康、适用和高效"的使用空间。"健康"代表以人为本，满足人们使用需求；"适用"代表节约资源，不奢侈浪费，不过度追求豪华；"高效"代表资源能源合理利用，减少 CO_2 排放和环境污染。

绿色施工与绿色建筑的关系主要表现为：绿色施工表现为一种过程，绿色建筑表现为一种状态；绿色施工可为绿色建筑增色；绿色建筑形成，必须首先使设计成为"绿色"；绿色施工关键在于施工组织设计和施工方案做到绿色，才能使施工过程成为绿色；绿色施工主要涉及施工期间对环境影响相当集中，施工做到绿色，一般会增加施工成本，但对社会及人类生存环境是"大节约"；绿色建筑事关居住者的健康、运行成本和使用功能，对整个使用周期均有重大影响。

绿色施工不同于绿色建筑。但无论是绿色施工还是绿色建筑，都是当今社会所倡导的发展方向。根据住房和城乡建设部发布的《绿色建筑评价标准》（GB/T 50378—2019），绿色建筑的主要内容是在建筑整个生命周期内，而绿色施工以绿色建筑为立足点。两者定位方向不同：绿色建筑要以资源的节约、环境的保护，污染源及污染量的减少和降低为主要方向，从而为人们提供健康、绿色、生态的建筑。绿色施工是以施工过程中节能环保为主要方向，更侧重的是施工过程中的绿色施工技术等过程的控制，两者相结合才能有健康舒适的生活空间、人与自然和谐共生的建筑，因此绿色建筑和施工的安全至关重要。

1.5.5　绿色施工与绿色建造

绿色建造是按照绿色发展的要求，通过科学管理和技术创新，采用有利于节约资源、保护环境、减少排放、提高效率、保障品质的建造方式，实现人与自然和谐共生的工程建造活动。绿色建造统筹考虑建筑工程质量、安全、效率、环保、生态等要素，坚持因地制宜，坚持策划、设计、施工、交付全过程一体化协同，强调建造活动的绿色化、工业化、信息化、集约化和产业化的属性特征。

建筑业是国民经济的支柱产业，为我国经济社会发展和民生改善做出了重要贡献。但同时，建筑业仍然存在资源消耗大、污染排放高、建造方式粗放等问题，与"创新、协调、绿色、开放、共享"的新发展理念要求还存在一定差距。在2020年联合国大会上，中国承诺力争在2030年前实现碳达峰，2060年前实现碳中和。建筑业面临的转型发展任务十分艰巨。

为推动建筑业转型升级和绿色发展，2019年，住房和城乡建设部部长王蒙徽主持编写了"致力于绿色发展的城乡建设"系列教材中的《绿色建造与转型发展》教材，系统地提出了绿色建造的概念、发展目标和实施路径。2020年，住房和城乡建设部印发《关于开展绿色建造试点工作的函》，在湖南省、广东省深圳市、江苏省常州市3个地区开展绿色建造试点，探索可复制推广的绿色建造技术体系、管理体系、实施体系以及量化考核评价体系，为全国其他地区推行绿色建造创造经验。为贯彻党中央关于碳达峰、碳中和的重大决策，落实《国务院办公厅关于促进建筑业持续健康发展的意见》（国办发〔2017〕19号）、《国务院办公厅转发住房城乡建设部关于完善质量保障体系提升建筑工程品质指导意见的通知》（国办函〔2019〕92号）要求，推动建筑业高质量发展，推进绿色建造工作，2021年3月16日，住房和城乡建设部办公厅发布了《绿色建造技术导则（试行）》，明确了绿色建造的总体要求、主要目标和技术措施，是当前和今后一个时期指导绿色建造工作、推进建筑业转型升级和城乡建设绿色发展的重要文件。

绿色建造的主要技术要求有四个方面：一是采用系统化集成设计、精益化生产施工、一体化装修的方式，加强新技术推广应用，整体提升建造方式工业化水平。二是结合实际需求，有效采用BIM、物联网、大数据、云计算、移动通信、区块链、人工智能、机器人等相关技术，整体提升建造手段信息化水平。三是采用工程总承包、全过程工程咨询等组织管理方式，促进设计、生产、施工深度协同，整体提升建造管理集约化水平。四是加强设计、生产、施工、运营全产业链上下游企业间的沟通合作，强化专业分工和社会协作，优化资源配置，构建绿色建造产业链，整体提升建造过程产业化水平。

绿色施工是绿色建造的一个阶段。绿色建造包含工程立项绿色策划、绿色设计和绿色施工三个阶段，解决的侧重点各不相同，如图1.5-1所示：立项绿色策划解决的是建筑工程绿色建造总体规划问题；绿色设计重点解决的是绿色建筑的实现问题，为绿色施工提供一定支持；绿色施工重点强调节约资源，减少废弃物排放，解决大环境保护问题，同时也可为绿色建筑增色。另外，在我国，规划设计、施工及物业管理通常为互无关联的企业或组织主体，要实现规划、设计、施工和物业（运营）全过程的绿色化，必须明确责任主体，促使相关方实现联动，否则期间的所有努力都将前功尽弃，使绿色效果大打折扣。

我们必须从立项开始，以绿色视角统筹规划全局和全过程，以期实现绿色效果的最大化。

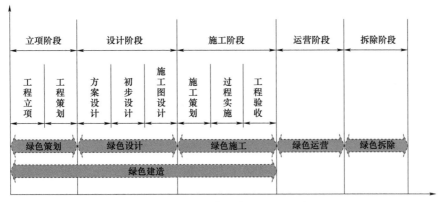

图 1.5－1 建筑全生命周期阶段划分

第 2 章

绿色施工的发展与推进

　　绿色施工本身并非一项具体技术，而是对整个施工行业提出的一个革命性的变革要求，其影响范围之大、覆盖范围之广是空前的。施工企业会因推进绿色施工增加施工过程的难度，也会因施工措施费增大而使项目成本增加；但在宏观效果上，会因绿色施工推进，逐步显现环境污染减少、短缺资源得到有效保护和充分利用，进而为国家实现可持续发展和人类生存环境的有效改善做出重大贡献。本章着重介绍绿色施工的发展历程以及当前面临的现状，指出绿色施工将会带来的效益。

2.1　绿色施工国内外发展历程

2.1.1　国外发展历程

　　绿色施工（Green Construction）的本质是建筑施工的可持续发展思想。这一点已成为国内外业界的共识。国外的可持续施工研究虽然与我国的绿色施工并不完全相同，研究的思路和方向也多种多样，但理解和做法是类似的，总体框架是一致的。

　　绿色施工理论在国际上最早可以追溯到 20 世纪 30 年代，美国建筑师富勒（R. Buckminiscr Fullcr）所提出的"少费而多用"（More With Less）原则。进入到 20 世纪 60～70 年代，为了发展工业，人类无限度地向自然界索取各种资源，由此造成的环境问题日趋严峻，如土地沙漠化、垃圾处理问题、气候问题、石油危机等。各国政府开始逐渐重视生态环境问题，以环境污染换取经济发展必然导致更大的问题。一些有先见的建筑业人士也意识到，作为耗费自然资源大户的建筑业，必须转型走可持续发展的道路，否则将难以为继。生态学家蕾切尔·卡森（R. Carson）于 1962 年写了一篇具有里程碑意义的生态文学著作——《寂静的春天》，影响了整个世纪的生态。该著作首次向全人类展现了地球生态环境被严重损害后的骇人景象，并呈现了一系列破坏环境的恐怖后果。这部作品让人们开始积极投身于绿色运动，并使全球各界人士开始意识到环境保护的重要性。

随着绿色运动的推行，越来越多的人们开始关注环境问题。20 世纪 60 年代，生态建筑的新理念由美国建筑师保罗·索里利提出，他把"建筑学"（Architecture）和"生态学"（Ecology）组合在一起，产生了"生态建筑"或者说是"绿色建筑"。随着时代的不断发展和进步，美国的建筑师麦克哈格撰写的《设计结合自然》一书中，主要阐述了人与自然环境是密不可分、相互依赖的关系。该著作重点介绍了人与自然和谐共生，大自然演进的规律与人类认识的深化，并从理论上站住了脚，标志着生态建筑学正式诞生。

至 20 世纪 70 年代，环境污染越发严重，生存环境每年都在不断恶化，不可再生能源日趋枯竭，甚至可能影响和威胁到人类的身体健康和生存，许多西方发达国家便开始研究新型能源，人们也逐渐重视节约能源的问题。

由此就有了"可持续发展"理念的诞生。世界自然保护组织 1980 年首次提出"可持续发展"口号，这也成为科学发展观的基本要求之一，同时许多西方发达国家也将逐渐完善的节能建筑体系广泛应用。1980 年初，部分西方发达国家开始重视循环经济的概念，强调了环境保护在建筑业发展过程中的重要性。这种趋势首先体现在相关制度的确立：美、英、德、日等国家开始结合本国国情，制定了相关法律法规，为绿色施工的推广实施提供了制度保障。同时在不断探索中，逐步形成了符合本国国情的绿色施工模式。如英国建筑研究院环境评估方法（Building Research Establishment Environmental Assessment Method，BREEAM）、美国能源与环境设计先导绿色建筑评估体系（Leadership in Energy and Environmental Design，LEED）等。1988 年，在国际材料科学研讨会上首次提出了"绿色材料"的概念。科学家高特弗雷德（David A. Gottfried）于 1980 – 1990 年间，在《绿色建筑技术手册》一书中详细描述了绿色建筑从决策设计到建成使用周期中所有阶段，并从绿色建筑施工建设的技术和操作角度提出了意见建议，为项目施工团队提供绿色施工指导。1989 年，英国的建筑师戴维·皮尔森更是提出了尽量减少在建筑业中使用不可再生资源的观点。

20 世纪 90 年代，查尔斯·基贝拉（Charles J. Kibert）教授提出施工也是可持续的。他认为在建筑建造过程中应当兼顾生态发展，以及资源集约型应用，这些内容都是极为可能的。自 1990 年开始，随着国际化的环保理念不断发展，英国发布了首个绿色建筑的标准，这一标准的发布让绿色建筑进一步发展，随后在"联合国环境与发展大会"上根据有关内容又将可持续发展理念进行了推广，从而将绿色建筑定位为未来的发展方向。1991 年布兰达·威尔和罗伯特·威尔合著了《绿色建筑：为可持续发展而设计》一书，并在书中提出了要综合考虑能源、气候、材料住户、区域环境等因素的整体设计观。1993 年，美国创建了绿色建筑协会；同年，美国在英国的影响下，也开始进一步地发展绿色建筑。美国明确提出了如何将可持续发展转变为具体的实时策略，这一标准在《可持续建筑设计指导原则》中出现，从而更有效推动了绿色建筑的发展。2000 年，加拿大也推出了绿色建筑标准，该标准主要涵盖多个方面内容，提出了新的方法，突出了定量分析方法和定性分析方法的概念及内涵。其中最大的贡献是将定量和定性两种分析方法创造性地、有效地结合在一起，为推动世界各国家的绿色建筑评价体系及活动开拓了新的思路。

进入高速发展的 21 世纪，绿色施工技术在全球范围内受到广泛关注，人们开始逐渐探索绿色施工的实施方法。瑞典的研究者帕特里克（Patrick T. I. Lam）在 2010 年发表的《环境管理体系与绿色规范：它们在建筑行业中是怎么相辅相成的》和《实施绿色建设的影响因素》均提出"环境管理体系"这个概念。针对建筑施工对环境的影响，外国学者玛尔塔（Marta Gangole）等人提出从水、空气、废弃物、土壤污染等九个方面预测环境影响。

虽然绿色施工的概念在全球都有不同的提法，每个国家的定位都不同，但是与可持续建筑、可持续建造、绿色建筑、环保施工、清洁生产等具有极高的相关度，说明绿色施工是建筑企业可持续发展在工程施工环节的技术体现。发达国家特别关注"绿色建材"，从建筑材料的角度去思考如何更好地节约材料、节约能源、减少施工过程中材料的浪费、减少施工现场的污染、降低建造成本、延长建筑使用寿命等问题，已经取得了较大的进展。此外，各大研究所与一些技术较为发达的建筑企业也在联合研究有关"绿色施工"的相关内容，并出版了《绿色建筑技术手册：设计·施工·运行》《绿色建筑设计与施工参考指南》等书籍，为建筑企业绿色施工提供了导向。

近年来，国外建筑施工企业在推行工程绿色管理体系方面的力度很大，贯穿了设计、施工、使用的全过程。在施工阶段贯彻绿色施工理念，就是采取各种措施，达到经济、社会、环境三大效益的协调统一。在现场绿色施工、环境保护管理方面，英国环境管理部门要求更为严格，不仅针对建筑行业，还包括各行各业，英国环境管理部门都对环境保护提出了具体要求和实施细则。英国的行业协会或是大型施工企业需要按要求编制应用级的作业手册，便于实施过程中参考，如英国土木工程师学会制定的《建筑现场环境管理手册》。经过对这些手册的研究，发现其具有一定局限性。在分部施工工艺中，质量、环境、能源、职业健康和安全等各个要素仍然缺失，未能提出完整性实施方案。

绿色建筑施工评价体系中有很多关于施工阶段的控制内容，最常用的有：英国建筑研究机构环境评价方法（BREEAM），该方法适用于工程的设计阶段和施工阶段，环境是核心指标；绿色建筑挑战法（GBC），适用工程的设计阶段和施工阶段，核心指标在于建筑工程中资源的消耗、环境负荷、室内环境质量以及服务质量问题；美国能源及环境设计先导计划（LEED），适用于建筑工程全寿命周期，能够有效地利用水资源、能源与大气，提高室内环境质量；以及德国第二代绿色建筑认证体系（DGNB）、新加坡绿色标志计划（GREEN MARK）和日本建筑综合评价方法（CASBEE）等。表 2.1 - 1 对国外绿色建筑评价标准进行了总结。

表 2.1 - 1   国外不同绿色建筑评价标准的对比

标准	国家	适应阶段	具体内容
BREEAM	英国	设计阶段、施工阶段	使用于新建办公楼设计、现有办公楼的环境评价等
GBC	加拿大	设计阶段、施工阶段	适用于办公、学校建筑、集合住宅

续表

标准	国家	适应阶段	具体内容
LEED	美国	全生命周期	适用于商业、公共与住宅建筑
DGNB	德国	全生命周期	既注重可持续建筑的经济品质，又注重生态品质的认证体系
GREEN MARK	新加坡	全生命周期	适用于办公、商业、居住、教育、酒店等建筑
CASBEE	日本	全生命周期	学校以及公用建筑

总体来说，国外对于绿色施工管理研究方面已经较为深入并取得了较大进展，为我国施工发展提供了重要的借鉴经验。但每个国家的基本情况并不相同，国外标准对于建筑施工对环境的影响评价并不完全适合我国的国情，由于评价方法依托于不同的国家环境而建立，考虑内容有所差异，因而评价方法并不具有通用性，我国无法直接运用国外的管理体系开展绿色施工管理工作。

2.1.2　国内发展历程

目前我国正处于高速发展的阶段，城市化进程正在逐渐加速。随着可持续发展战略在我国的推广，建筑业的可持续发展也越来越受到社会各界的重视。绿色建筑作为在建筑业落实可持续发展战略的重要手段，已为众多业内人士所了解。绿色施工在我国实施绿色建筑发展进程中占有重要比重。近年来，绿色施工在我国建筑领域快速发展，我国不断推出相关的法律法规、规范条文等规范行业的行为，促进经济与环境的协调发展，关于绿色施工的国家政策和国家法规也在不断完善之中。从目前我国绿色施工的发展而言，学术界把其分为浅绿、深绿和泛绿三个阶段，见表 2.1－2。

表 2.1－2　　　　　　　　　　我国绿色施工发展阶段

序号	阶段	时间	具体内容
第 1 阶段	浅绿	2004—2008 年	（1）作为试点在沿海地区推广 （2）东西部地区之间绿色施工发展不平衡
第 2 阶段	深绿	2008—2010 年	（1）设计理念深入设计过程 （2）建造绿色施工增量呈下降趋势
第 3 阶段	泛绿	2010 年至今	（1）从单体逐步向城市发展，普遍接受绿色施工理念 （2）绿色标准不断地细化

自 20 世纪 70 年代开始，随着全球绿色理念的发展，我国政府愈发重视节能减排、节能降耗、环保节约等一系列问题，不仅出台了很多有关节能、环保等方面的法规条例，还颁布了很多政策性的文件。绿色建筑的概念从 20 世纪 90 年代开始引入中国，对绿色建筑、绿色施工进行研究起步较晚，相对于西方发达国家还是比较滞后的。为了加快推进绿色建筑的发展，1992 年联合国在巴西里约热内卢召开了环境与发展大会，之后中国政府相继颁布了一系列的相关纲要、法规和导则，规范了绿色施工的标准，大力推动了绿色建筑的发

展。1994 年，《中国 21 世纪议程》发布，详细阐述了中国可持续发展战略的背景和必要性，从各方面逐步开展绿色建筑相关的研究。

进入 21 世纪，随着生产生活的需要，我国出台了有关绿色生态的相关规定和条例，比如《中华人民共和国环境影响评价法》《绿色生态住宅小区建设要点与技术导则》等。2003 年，北京奥组委发布了《奥运工程绿色施工指南》和《绿色奥运建筑评估体系》，该项举措不仅有效推动了绿色施工，同时也实现了将绿色化理念融入建筑建设中去。2004 年 9 月建设部"全国绿色建筑创新奖"的启动标志着我国绿色建筑发展进入了全面发展阶段。

2005—2010，我国绿色建筑进入了一个飞速发展的阶段。有关部门陆续出台了一系列相关的办法和规范文件，如我国第一部建筑技术规范《绿色建筑技术导则》和《建设部关于发展节能省地型住宅和公共建筑的指导意见》《绿色建筑评价标准》以及《关于推进可再生能源在建筑中应用的实施意见》等，主要阐述了我国建筑企业在实施绿色建筑技术过程中的标准，并清晰评价和判断建筑企业绿色施工的结果。其中，2006 年 3 月颁布实施了《绿色建筑评价标准》（GB/T 50378—2006，目前已经更新到 GB/T 50378—2019）。随后，依据《绿色建筑评价标准》和《绿色建筑评价技术细则（试行）》，按照《绿色建筑评价标识管理办法（试行）》，确认绿色建筑等级并进行信息性标识。这一绿色建筑认证标准是我国批准发布的第一个国际性绿色建筑认证体系。建设部于 2007 年 9 月下发了《关于印发〈绿色施工导则〉的通知》，为绿色施工在我国的推广提供了相对规范化的管理守则和条例。

2012 年 4 月，财政部与住房和城乡建设部结合绿色建筑发展趋势联合发布《关于加快推动我国绿色建筑发展的实施意见》，为推动我国绿色建筑发展起到了重要作用。2013 年住房和城乡建设部发布《关于加强绿色建筑评价标识管理和备案工作的通知》，规范了绿色建筑发展过程中的管理工作。1994—2016 年我国绿色施工的发展历程总结见表 2.1-3。

表 2.1-3　　　　　　　　　1994—2016 年我国绿色施工发展历程

时间	事件
1994	《中国 21 世纪议程》发布，这是国内最先提及的可持续发展战略的文件，提出了在工程项目方面施行绿色操作的指南
2002	国家质量监督检验检疫总局发布了《关于实施室内装饰装修材料有害物质限量 10 项强制性国家标准的通知》
2003	国家提出"绿色奥运、科技奥运、人文奥运"的理念，建筑领域的绿色概念开始形成
2004	国家启动"绿色技术研究"计划，北京市开始在国内首先推行实施绿色施工，一些企业开始了绿色施工的研究，先后取得了大批的技术成果
2006	我国发布《绿色建筑评价标准》（GB/T 50378—2006），将绿色建筑的评价指标具体化，使得绿色建筑评价有了可操作的依据
2007	推出《建筑节能工程施工质量验收规范》（GB 50411—2007），首次提出了节能分部工程验收，促进了节能工程的发展
2007	建设部发布《绿色施工导则》，明确绿色施工的概念、总体框架以及施工的要点，是绿色施工方面较完善的指导性文件
2009	我国政府提出要根据国情发展低碳经济、促进绿色经济的要求，并开始着手绿色办公及绿色工业建筑评价标准等相关工作的编制

续表

时间	事　件
2010	住房和城乡建设部发布《建筑工程绿色施工评价标准》（GB/T 50604—2010），为绿色评价提供了依据
2011	在施工现场声污染方面，执行《建筑施工场界环境噪声排放标准》（GB 12523—2011）的规定
2011	住房和城乡建设部发布《建筑工程可持续性评价标准》（JGJ/T 222—2011），为量化评估建筑工程环境影响提供了标准和依据
2014	《建筑工程绿色施工规范》（GB/T 50905—2014）的颁布，为"五节一环保"的顺利实施提供了可靠保障
2016	中央提出建设美丽中国的口号，大力倡导污水大气治理，推广节能生产，提高建筑节能要求，推广绿色建筑和建材

　　除此之外，我国各省（区市）还设置了省级的绿色施工奖项，激励建筑施工企业实施绿色施工管理。我国实行的经济激励政策大致分为两种，即补贴政策和税收政策。前者对绿色建筑产品的生产者给予财政补贴，后者则主要通过对绿色建筑的生产者给予税收优惠，或者对非绿色建筑产品的生产者实行较高的收费政策，从而推动绿色建筑的发展。我国所实施的建筑节能激励政策仍有不足之处，包括激励政策针对对象单一、激励程度不高等。

　　国家还采取了典型示范的路径，把绿色施工示范工程的经验和做法推广到更多种类型的建筑业企业。创建绿色施工示范工程的目的在于充分发挥示范引领和标杆作用，积极开展绿色建造技术的应用与创新，促进建筑业向绿色、低碳、高效方向发展。从 2010 年至今，中国建筑业协会已先后正式公布了一千多项绿色施工示范工程。这些工程起到了显著的示范和带动作用。但总体来说，我国绿色施工的研究和应用尚处于起步阶段。

　　我国建筑业的施工技术可以追溯到 1000 年以前。现代的建筑施工从文明施工、环境保护开始逐步延伸，陆续提出了"节能减排""绿色施工""节约型工地"等概念，并在发展中形成了具有中国特色的绿色施工体系。我国常用绿色建筑评价标准见表 2.1－4。

表 2.1－4　　　　　　　　　　　我国常用绿色建筑评价标准体系

标准	国家	适应阶段	具体内容
中国生态住宅技术评估手册	中国	设计阶段、施工阶段	适用于新建住宅小区
Gobas（绿色奥运建筑评估体系）	中国	规划、设计、施工、验收、运营	适用于奥运建筑与园区
绿色建筑评价标准	中国	全寿命周期	适用于住宅建筑、商场、办公楼等公共建筑

　　我国关于绿色施工的研究起步还是相对较晚，但是发展迅速。当前绿色施工的理念不断发展、不断深入、不断与实际相结合，使绿色施工管理理念和方法不断完善，结合我国现有的国情和建筑行业的发展特点，绿色施工管理以及可持续发展在建筑中的应用得到了比较完善的研究。

2.2 绿色施工现状分析

2.2.1 施工企业面临的绿色施工现状

绿色施工的实施主要依靠施工企业，当前施工企业面临的绿色施工现状主要有：

（1）政府日益严厉的生态环境保护要求，使得绿色施工的推进刻不容缓。比如《北京市建设工程扬尘治理专项资金管理暂行办法》中规定，北京市住房和城乡建设委员会应将相关单位的违法行为向社会公示，并对建设单位的违法行为进行通报，对施工单位予以不良信息记分、依法限制其投标等处罚，并取消该工程项目"北京市绿色安全工地"的参评资格。《上海市扬尘污染防治管理办法》中明确规定了对建设工程、绿化建设、房屋拆除的防尘要求，有关单位或者个人不按照该办法规定采取有效防尘措施的，有关管理部门应当责令限期改正。上海市环保局可以定期向社会公布违法名单，同时还要处于 1000 元至 2 万元的罚款，施工单位拒不改正的，建设行政主管部门可以责令其停工整顿。此外，像河南、广东、浙江及江苏等均对施工企业的环境污染行为给出了处罚规定。近年来，关于建筑施工企业因为污染环境被罚款的报道也是屡见不鲜，惩罚力度之大也是前所未有。

（2）绿色施工工作亟须加强。尤其是房屋建筑及市政基础设施工程，环境保护工作基础弱、面临风险大，且主要集中在人口密集区域，环境保护的社会关注度越来越高，政府监管也在不断加强。

（3）大部分企业尚无系统的绿色施工管理规程，亟须以房屋建筑和市政施工板块为切入点，填补企业在该领域的绿色施工管理研究的空白。建立适用于企业房屋建筑与市政工程板块业务的绿色施工管理的体系标准，使企业绿色施工管理体系完整、标准统一，是大型施工企业发展的迫切需求。

2.2.2 绿色施工应用的现状

全球日趋严峻的环境保护形势，迫使多国政府转变发展观念，可持续发展理念已经成为世界主流的发展原则，而绿色施工则是建筑行业践行可持续发展理念的最好彰显。针对建筑业高能耗和高污染的现状，在循环经济和清洁生产思想指导下，西方国家开始提倡建筑业改变施工方式，探索绿色施工之路。很多国家均制定了相对完备的评价体系，对绿色建筑进行评估；但是由于发达国家有较高的施工管理水平，造成的浪费也较少，因此基本不需要专门的评价标准和评价体系对施工过程进行评估，其更多的是制定一系列相关的政策法规和标准促使建筑企业采取绿色施工，也制定了一些准则以指导建筑企业实行绿色施工。我国作为能源消耗大国，近年来不断推出了相关的法律法规、规范条文等规范行业的行为，促进经济与环保的协调发展。原建设部协同有关部门陆续颁布了关于绿色建筑和绿色施工的法规、条例和评价标准，由于我国建筑业粗放的生产模式使绿色施工评价成为绿色施工管理体系中不可或缺的一部分。

　　目前，我国绿色施工示范工程的指导性文件比较完善，按时间的先后有《全国建筑业绿色施工示范工程管理办法（试行）》《全国建筑业绿色施工示范工程验收评价主要指标》和《全国建筑业绿色施工示范工程申报与验收指南》等，这些指导性文件对我国绿色示范工程的发展和定位具有重要的意义。从 2011 年至今，不仅有文件的要求，还进行了多次全国建筑行业绿色施工示范工程的评选活动。表 2.2－1 是截至 2018 年各地域绿色施工示范工程的数量总和情况。

表 2.2－1　　　　　　我国绿色施工示范工程的数量总和情况（截至 2018 年）

批　　次	数量（个）
全国第一批次绿色施工示范工程	8
全国第二批次绿色施工示范工程	62
全国第三批次绿色施工示范工程	234
全国第四批次绿色施工示范工程	452
全国第五批次绿色施工示范工程	301

　　以下通过施工管理几个方面的对比说明绿色施工在国内外发展的现状。

　　1. 绿色施工组织设计

　　绿色施工组织设计是项目在施工过程中的具体实施方案，在整个施工阶段具有重要的作用。但目前建筑施工企业对相关绿色施工的内容不够熟悉、不够重视，因此大都不能系统地对本项目的绿色施工亮点进行挖掘和策划，对于一些重点部位的施工，缺少具有针对性、可操作性的绿色技术建议。

　　当前的房屋建筑项目多位于城市范围内，随着各地环保形势的日益严峻，建筑施工企业普遍反映应对政府环保检查的压力较大。但目前建筑施工企业在项目投标阶段大都不会独立分析当地的绿色施工和环境保护要求，或者在施工过程中才去应对，并未对当前国内各地区的环保形势进行分析，也没有对当前各地方政府出台的环保政策和绿色施工指导法规进行汇总和对比分析。企业很少独立地出台绿色施工相关的规章制度，基本上都是按照股份公司的要求来进行管理，虽然施工项目多在一定程度上采取了绿色施工相关的措施，但是水平相差较大。

　　2. 资源再生利用率水平

　　目前我国包括建筑物垃圾和工程弃土在内的建筑垃圾年产生量约为 35 亿 t，其中每年仅拆除就产生 15 亿 t 建筑垃圾。而建筑垃圾普遍采取堆放和掩埋的方式处理，其综合利用率不足 5%，远远落后于欧盟（90%）、日本（97%）和韩国（97%）等发达国家和地区。据测算，若我国将每年产生的 35 亿 t 建筑垃圾资源化利用，可节约天然砂石 30 亿 t，节约取材用土和填埋用地 80 万亩；可生产免烧墙体和地面材料约 1 万亿块标砖。因此，对建筑垃圾进行合理的资源化利用，可变废为宝，使之转化成"绿色能源"。提高建筑垃圾资源化利用水平，对节约资源能源、保护生态环境以及创造经济价值意义重大。

3. 建设施工中噪声污染

噪声污染贯穿于工程施工的整个过程。一般情况下，施工机械是导致建筑施工噪声污染的主要原因。根据对施工现场各种施工设备在施工现场的噪声测量统计值见表 2.2-2，施工现场的噪声限值见表 2.2-3。

表 2.2-2　　　　　　　　　　建筑施工现场的噪声测量值统计　　　　　　　　　单位：dB

声源	范围	平均值
打桩机	94.0~110.0	102.0
起重机	70.0~76.0	73.0
电钻	89.5~102.0	95.8
电锯	91.0~108.0	99.5
切割机	93.0~96.0	94.5
混凝土搅拌机	85.0~93.0	89.0
装运渣土	92.4~97.6	95.0
挖掘机	79.3~84.5	81.9

表 2.2-3　　　　　　　　　　建筑施工场界噪声限值　　　　　　　　　　　单位：dB

主要声源	昼间	夜间
升降机、起重机	65	55
电锯、混凝土搅拌机	70	55
打桩机	85	禁止施工
装载机、挖掘机、推土机	75	55

对于这些施工噪声，欧美等发达国家的监管相对完善。在美国的社区，要求每一个业主避免在自己的土地或房产上进行"不合理"的侵扰附近土地使用或享受的活动，如不能让邻居家的生活受到烟味、嘈杂声的打扰。"小麻烦"也有相应的法律管辖，美国人称此类为"皮毛法律"。美国大多数城市或州都有噪声控制法规或反噪声法规，禁止制造噪声扰民。英国早在 1971 年就对生活噪声做出了明确规定。此后，具体条例越来越多。2004 年，伦敦市关于噪声的法令甚至规定：居民在使用收音机或电视机时，声音不得传出 8m；家养的宠物也不得发出过大的叫声；在居民区任何人不能使用喇叭、吹哨和鸣笛。德国更是规定 22 点后不准大声说话、放音乐、聚会，周末要举行聚会也得事先征得邻居同意。

4. 水环境整治

由于水环境整治项目的特殊性，目前我国还没有相关的法律法规来对其绿色施工过程进行规范。水环境整治绿色施工的现状和需求见表 2.2-4。

表 2.2 – 4　　　　　　　　　　　　水环境整治绿色施工的现状和需求

序号	绿色施工现状和需求
1	施工中较少考虑当地的绿色施工管理法律法规，主要是依据文明施工管理办法进行现场文明工地的管理
2	目前水环境整治项目还没有绿色施工"五节一保"的概念，主要是针对环境生态如何进行保护工作
3	目前施工企业在地质处理方面使用了许多从国外引进的设备，并在进行水环境整治的过程中不断地探索和研发，采取了许多新的施工工艺
4	目前施工企业积极采用现场管控平台，方便对信息的管理。包括施工风险、安全管控等

5. 国内外绿色施工应用情况对比分析小结

目前，国外着重于"绿色建筑"，关注的是建筑物的全生命周期，而建筑施工领域并没有提出明确的"绿色施工"概念。通过分析相关资料，发现在西方发达国家与绿色施工相近的概念有"精益建造"（Lean construction）、"可持续施工"（Sustainable construction）、"清洁施工"（Clean construction）等。"绿色施工"这一概念是我国根据建筑行业的具体实际情况，针对建筑施工领域提出来的理念。无论是"绿色建筑"还是"绿色施工"，都是基于"五节一保"的基本理念来指导建筑施工。我国在绿色建筑方面发展较晚，为此须综合借鉴西方先进国家绿色建筑的经验，同时结合我国实际情况，制定出相对完善的绿色施工评价体系，对绿色建筑的要求进行界定，促进绿色建筑的良性发展。但仍存在一些问题，突出体现在对绿色施工的推进深度和广度不足，概念理解多、实际行动少，管理和技术研究不够深入等。

在国内，已经对绿色施工进行了一定程度的贯彻实施。以下从环境保护、节材与材料资源利用、节水与水资源利用、节能与能源利用以及节地与土地资源保护等方面，对绿色施工在国内的实施现状进行分析。

（1）环境保护。目前工程项目是否针对扬尘控制、噪声与振动控制、光污染保护、水污染保护、土壤保护措施方案制订与实施情况如图 2.2 – 1 所示。由此可见，占 85% 以上的

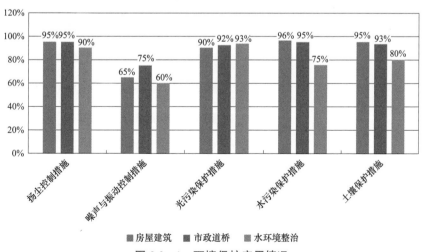

图 2.2 – 1　环境保护应用情况

项目，在环境保护方面都具备相应的绿色施工专项施工方案，并加以实施应用，绿色施工在环境保护方面应用较为全面。

（2）节材与材料资源利用。如图 2.2-2～图 2.2-4 所示，在房屋建筑项目中企业需要建立绿色、环保材料数据库，在现场道路的硬化中使用的材料有待改进，且使用新技术节约材料方面也有待提高；在市政道桥项目中，材料的周转和回收利用，以及新能源的使用范围需要进一步扩大；在水环境整治方面，材料的周转和回收利用水平也有待提高；此外还应该加强对节材专项方案的制定和审批管理。

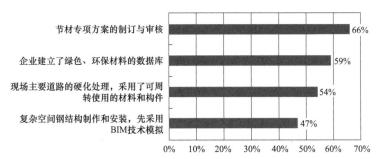

图 2.2-2　房屋建筑节材措施应用较少点统计

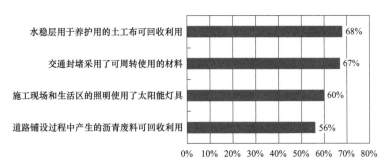

图 2.2-3　市政道桥节材措施应用较少点统计

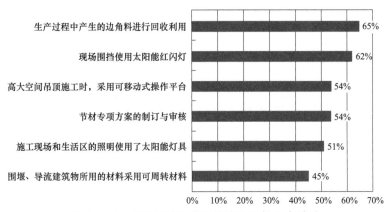

图 2.2-4　水环境整治节材措施应用较少点统计

（3）节水与水资源利用。节水和水资源利用情况如图 2.2-5 所示，结果显示：平均 84%

的项目应用节水施工工艺；55%左右的项目具有地下水的使用和保护措施；65%的项目具有施工、生活和消防用水管理档案。由此，目前企业在节水和水资源利用方面有待提高，尤其是对地下水的保护。

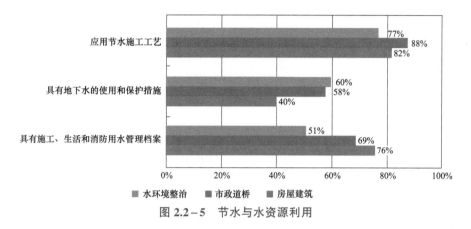

图 2.2-5　节水与水资源利用

（4）节能与能源利用。目前工程项目节能与能源利用情况如图 2.2-6 所示。结果表明，工程项目在节能和能源利用方面普遍较好，节能措施的应用普遍在 80%以上，尤其是施工用电和照明节能措施的应用水平在 93%以上。

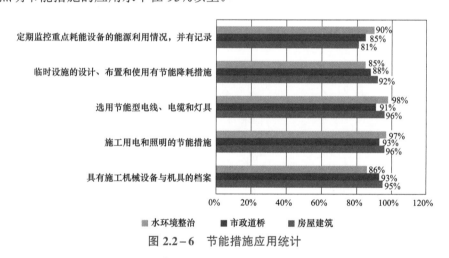

图 2.2-6　节能措施应用统计

（5）节地与土地资源保护。绿色施工节地措施应用情况如图 2.2-7 所示。由图可知，95%以上的项目进行了施工总平面的合理规划；95%以上的项目合理设计场内交通道路；96%以上的项目合理布置施工临时设施；70%左右的项目对荒废土地资源进行利用。由此可见，企业在合理规划土地方面的管理较为完善，但是对荒废土地的利用方面有待提高。

为了加快绿色施工的实施，应通过加大绿色施工的宣传力度来提升项目人员的绿色施工意识，加强绿色施工管理制度，提高绿色施工技术。并且，在今后项目绿色施工实施过程中，应制定合理的管理制度体系及绿色施工技术规范量化指标，并给予相应的实施奖励。

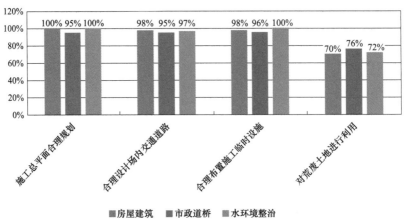

图 2.2 – 7　节地与土地资源保护应用点

2.3　绿色施工带来的效益

推进绿色施工要求工程项目施工在保证安全、质量、工期和成本受控的基础上，把握绿色施工的内涵，把环境保护、减少污染排放、保护国家资源、实现资源节约作为主控目标。绿色施工是对工程项目施工的更高要求，为了满足绿色施工的要求，就必须提高技术创新能力，更新施工设备，采用先进技术，增加施工措施，改进管理方法。绿色施工引起的这种设备的更新、施工措施的增加、施工方法的升级和管控目标的增强，将导致施工企业投入的增加，但是这种投入产生的收益和效益也是巨大的。

2.3.1　先进的绿色施工管理可以增加经济效益

我国多数地方政府对绿色施工过程的环境影响进行强制性管制。当前形势下，无论从政府出台的政策和规范还是从民众的意识来看，采取绿色施工几乎是所有项目必须执行的。但是由于大部分施工企业的绿色施工没有实施统一管理，各项目的绿色施工水平不一，致使很多先进的绿色施工技术和管理方法无法统一，间接导致了绿色施工成本的增加。此外，绿色施工不仅强调环境保护，还强调节约资源。通过对施工过程的资源进行合理规划利用，达到节约资源、降低成本的目标。推进绿色施工管理将促使工程项目施工活动采用科学管理方式，强化和提高施工人员的环保意识，改善作业条件，实现资源节约，有利于建筑业自身的可持续发展。

2.3.2　积极实行绿色施工可以增加施工企业的社会效益

绿色施工是可持续发展理念在工程施工中的重要体现，它以节约资源、降低施工过程对环境的污染为核心，追求低耗、高效、环保，统筹兼顾实现经济、社会、生态综合效益最大化的先进施工理念。随着国内外市场开拓力度和建设规模的加大，建筑施工企业积极开展绿色施工研究，系统总结绿色施工措施，可以增强企业竞争力，加速企业步入具有较强国际竞争力的质量效益型世界一流综合性建设集团行列。

倡导绿色施工就是要求建筑施工企业立足于国家长远发展，从自身着手解决整个社会永续发展和实现环境友好。推进绿色施工的投入，有利于节约资源，相应减少了对资源的需求，缓解了资源短缺的矛盾，将使整个社会和总体环境都因此而长期受益。并且，国家和各地方政府均设置了一些绿色施工相关的奖项，比如全国建筑业绿色施工示范工程、北京市建筑业绿色施工示范工程和北京市绿色安全样板工地等，获得这些奖项有利于提高企业的社会形象，增强品牌知名度，间接提高了企业的中标率。

施工企业的决策应符合有助于保有和吸引优秀人才、提高消费者的忠诚度，以及不断增长的对形象、品牌和声誉的要求，侧重于提高竞争力。当前人们的环保意识越来越强，未来绿色消费将成为人们的一种基本观念，企业可以将实施绿色施工视为建筑企业的独特竞争优势，并借此获得丰厚的市场回报和较高的消费者忠诚度。

第3章

绿 色 施 工 管 理

在绿色施工总体框架中，将施工管理放在第一位是有深层次意义的。我国工程建设逐步向着大体量、深基础发展，因此绿色施工方案是绿色施工中的重要环节。如地下工程施工方法的选择，会涉及工期、质量、安全、资金、装备、人力等一系列问题，提前制订施工管理方案有利于更好的管理。本章将从绿色施工策划与准备、绿色施工过程管理、绿色施工检查与评价三个方面，对绿色施工管理的策划与准备、目标、控制措施、相关方、数据监测、应急管理、评价内容要求与评分要点等进行介绍。

3.1 绿色施工策划与准备

3.1.1 绿色施工策划

绿色施工策划工作包括影响因素分析、确定目标、制定措施、编制专项方案等方面。项目开工前，根据整体目标，结合项目实际，对影响项目绿色施工开展的管理、资源、环境、人员等因素进行全面分析，形成绿色施工影响因素清单。

1. 策划目的

（1）明确环境保护、节材与材料资源利用、节水与水资源利用、节能与能源利用、节地与土地资源保护、人力资源节约与保护等绿色施工目标。

（2）绿色施工目标包括但不限于：

1）施工扬尘、光污染、施工噪声、污水排放和其他污染控制目标，建筑垃圾再利用目标。

2）主要材料定额损耗率降低目标。

3）水资源消耗总目标和不同施工区域及阶段的水资源消耗目标。

4）万元营业收入综合能耗目标。

5）节地与施工用地保护目标。

6）人力资源节约与保护目标。

2. 专项方案编制与审批要求

（1）专项方案应当根据国家和地方绿色施工要求以及策划结果编制，并达到技术可行、经济合理、环境无害的要求。

（2）根据合同要求，专项方案应报监理单位或建设单位审批。

（3）绿色施工专项方案主要内容如图 3.1-1 所示。

第一章 工程概况	5.2 施工部署
1.1 工程概况	5.3 施工计划管理
1.2 现场施工环境概况	第六章 绿色施工具体措施
第二章 编制依据	6.1 环境保护措施
2.1 法律依据	6.2 节材与材料资源利用措施
2.2 标准依据	6.3 节水与水资源利用措施
2.3 规范依据	6.4 节能与能源利用措施
2.4 合同依据	6.5 节地与土地资源保护措施
2.5 技术依据	6.6 人力资源节约与保护措施
第三章 绿色施工目标	6.7 创新与创效措施
3.1 绿色施工总体目标	6.8 绿色施工技术经济指标分析
3.2 绿色施工目标分解	第七章 应急预案
第四章 项目绿色施工管理组织机构及职责	第八章 附图
4.1 绿色施工组织机构图	8.1 施工平面布置图
4.2 绿色施工岗位职责	8.2 现场噪声监测平面布置图
4.3 项目相关方绿色施工职责	8.3 现场扬尘监测平面布置图
第五章 施工部署	8.4 施工现场消防平面布置图
5.1 绿色施工的一般规定	

图 3.1-1　绿色施工专项方案主要内容

3.1.2　绿色施工准备

绿色施工准备包括以下五个方面的内容：

（1）基础资料准备。组织对施工现场、周围环境、水文地质条件进行调查，收集相关资料。

（2）技术准备。组织项目经理部管理人员学习相关文件、标准及图纸，编制相关技术文件，施工前进行交底，交底应含有绿色施工内容。

（3）施工临时设施建设。按技术文件要求布置施工区、生活区和办公区等施工临时设施。

（4）施工资源准备。按技术文件分批次组织施工人员、物资、机械设备等进场。

（5）培训。编制绿色施工培训计划，定期进行管理人员及施工作业人员绿色施工相关制度、标准、方案等学习培训。

3.2 绿色施工过程管理

3.2.1 目标分解与落实

1. 目标分解

项目经理部应对环境保护、节材与材料资源利用、节水与水资源利用、节能与能源利用、节地与土地资源保护、人力资源节约与保护评价等指标进行目标分解，目标分解及定量指标按照国家和地方相关规定执行。

绿色施工过程控制目标及指标应符合以下规定：

（1）环境保护评价目标。

1）扬尘排放应符合《大气污染物综合排放标准》（GB 16297—1996）的规定。

2）建筑施工场界环境噪声排放限值应符合《建筑施工场界环境噪声排放标准》（GB 12523—2011）的规定。

3）排入市政管网的废（污）水应符合现行《污水排入城镇下水道水质标准》（GB/T 31962—2015）的规定，其他废（污）水排放应符合《污水综合排放标准》（GB 8978—1996）的规定。

4）施工现场废气排放应符合《大气污染物综合排放标准》（GB 16297—1996）标准的规定。

5）建筑垃圾产生量不应大于 300t/万 m^2；建筑垃圾回收利用率宜达到 30%。

（2）节材与材料资源利用目标。

1）建筑材料包装物回收率宜达到 100%。

2）主要建筑材料损耗比定额损耗率宜低 30% 以上。

3）现场废弃混凝土利用率宜达到 70%。

（3）节水与水资源利用评价目标。办公区、生活区用水应采用节水器具，配置率应达到 100%。

（4）节能与能源利用评价目标。

1）万元营业收入能耗（可比价）较上一年度下降不低于 4%。

2）办公区和生活区宜 100% 采用节能照明灯具。

3）建筑材料设备的选用根据就近原则，500km 以内生产的建筑材料设备占比宜大于 70%。

（5）人力资源节约与保护评价目标。

1）现场宿舍人均使用面积不得小于 2.5 m^2，并设置可开启式外窗。

2）现场宿舍每间住宿人数不能超过 16 人，通道宽度不低于 0.9m。

2. 过程控制

绿色施工过程中，应做好绿色施工过程检查、整理分析，对照目标进行过程评价。根据评价结果，制定纠偏措施，实施偏差控制，持续改进。应对绿色施工措施费使用情况进行全过程管理，保证专款专用。

3.2.2 控制措施

1. 环境保护

在项目开工建设前应开展扬尘、噪声与振动、光污染、废（污）水、废气、固体废物、液体材料、危险废物等生态环境污染源识别评价工作。

（1）扬尘污染控制。

1）扬尘排放应符合《大气污染物综合排放标准》（GB 16297—1996）的规定，宜在施工现场安装扬尘监测系统，实时监测现场扬尘情况。

2）施工现场按要求降尘，易产生扬尘的施工作业面应采取降尘防尘措施。

3）风力四级以上，应停止土方开挖、回填、转运以及其他可能产生扬尘污染的施工作业。

4）施工现场裸露地面、堆放土方等按要求采取覆盖、固化、绿化等抑尘措施。

5）施工现场易产生扬尘的机械设备宜配备降尘防尘装置。

6）易产生扬尘的建材应按要求密闭贮存，不能密闭时应采取严密覆盖措施。

7）建筑物内的施工垃圾清运宜采用封闭式专用垃圾道或封闭式容器吊运；施工现场宜设密闭垃圾站，生活垃圾与施工垃圾分类存放，并按规定及时清运消纳。

8）建筑垃圾土方砂石运输车辆应采取措施防止运输遗撒，施工现场出入口处设置冲洗车辆的设施。

9）施工现场主要道路应进行硬化处理，并进行洒水降尘。

10）施工现场宜安装自动喷淋装置、自动喷雾抑尘系统，采取扬尘综合治理技术措施。

11）施工现场宜采用商品混凝土及商品砂浆应用技术。

（2）噪声与振动污染控制。

1）噪声与振动测量方法应符合《建筑施工场界环境噪声排放标准》（GB 12523—2011）的规定，宜对施工现场场界噪声与振动进行实时监测和记录。

2）施工中优先使用低噪声、低振动的施工机具；施工现场的强噪声设备采取封闭等降噪措施。

3）施工现场应控制噪声排放，制定噪声与振动控制措施，合理安排施工时间，确需进行夜间施工的，应在规定的期限和范围内施工。

4）施工现场应设置连续、密闭的围挡。

（3）光污染控制。

1）采取限时施工、遮光和全封闭等措施，避免或减少施工过程的光污染。

2）电焊作业及夜间照明应有防光污染的措施。

3）临建设施宜使用防反光玻璃等弱反光、不反光材料。

（4）废（污）水排放控制。

1）排入市政管网的废（污）水应符合《污水排入城镇下水道水质标准》（GB/T 31962—2015）的规定，其他废（污）水排放应符合《污水综合排放标准》（GB 8978—1996）的规定，并对现场废（污）水排放进行监测。

2）对施工过程产生的废（污）水，制定相关处理和排放控制措施。

3）施工机械设备使用和检修时，应控制油料污染，清洗机具的废水和废油不得直接排放。

4）施工现场应设置排水沟、沉淀池等处理设施；临时食堂应设置隔油沉淀等处理设施；临时厕所应设置化粪池等处理设施；所有废（污）水处理设施应进行防渗处理，避免渗漏污染地下水源。

5）宜采取水资源综合利用技术，减少废（污）水排放。

6）使用非传统水源和现场循环水时，宜根据实际情况对水质进行检测。

7）应对排放的废（污）水产生量建立统计台账。

（5）废气排放控制。

1）施工现场废气排放应符合《大气污染物综合排放标准》（GB 16297—1996）等标准的规定，并配备可移动废气测量仪，对废气进行监测。

2）施工现场所选柴油机械设备的烟度排放，应符合《非道路柴油移动机械排气烟度限值及测量方法》（GB 36886—2018）的规定，禁止使用明令淘汰的机械设备。

3）对施工过程中产生的电焊烟尘采取防治措施。

4）沥青加工处理过程中，应对产生的沥青污染物采取相应防治措施，排放应符合《大气污染物综合排放标准》（GB 16297—1996）及《工业炉窑大气污染物排放标准》（GB 9078—1996）规定。

5）食堂应安装油烟净化设施，并保证操作期间按要求运行，且油烟排放应符合《饮食业油烟排放标准》（GB 18483—2001）的规定。

6）施工现场禁止焚烧产生有毒、有害气体的建筑材料。

（6）固体废物控制。

1）施工现场应采取措施减少固体废物的产生。

2）施工现场的固体废物按有关管理规定进行分类收集并集中堆放，储存点宜封闭。

3）建筑垃圾、生活垃圾及时清运并处置，建筑垃圾运输单位应经当地建筑垃圾管理部门核准。

4）提倡可再生利用理念，在施工过程中合理回收利用施工余料及建筑垃圾，建筑垃圾的回收利用应符合《工程施工废弃物再生利用技术规范》（GB/T 50743—2012）的规定。

5）施工现场应对固体废物产生量进行统计并建立台账。

（7）液体材料污染控制。

1）施工现场存放的油料和化学溶剂等物品应设专门库房，地面应做防渗漏处理；废弃的油料和化学溶剂应集中处理，不得随意倾倒。

2）易挥发、易污染的液态材料，应使用密闭容器存放。

（8）危险废物控制。

1）国家危险废物名录规定的废弃物不得随意堆弃，收集后应及时委托有资质的第三方机构进行处理。

2）有毒有害废弃物的分类率应达到100%，对有可能造成二次污染的废弃物应单独储存，并设置醒目标识。

2. 资源节约

（1）节材与材料资源利用。

1）根据就地取材的原则，优先选用绿色、环保、可回收、可周转材料。

2）根据施工进度、库存情况等，编制材料使用计划，建立限额领料、节材管理等制度，加强现场材料管理。

3）临时办公、生活用房及构筑物等合理利用既有设施，临建设施宜采用工厂预制、现场装配的可拆卸、可循环使用的构件和材料等。

4）施工现场宜推广新型模架体系，如铝合金、塑料、玻璃钢和其他可再生利用材质的大模板和钢框镶边模板等。

5）利用粉煤灰、矿渣、外加剂等新材料，减少水泥用量；采用闪光对焊、套筒等无损耗连接方式，减少钢筋用量。

6）采用可再利用材料、垃圾及固体废物分类处理及回收利用，以及建筑垃圾减量化与资源化利用技术。

（2）节水与水资源利用。

1）施工用水应进行系统规划并建立水资源保护和节约管理制度。

2）生产区、办公区、生活区用水分项计量，建立用水台账。

3）施工宜采用先进的节水施工工艺，并严格控制用水量，施工用水宜利用非传统水源，建立雨水、中水或其他可利用水资源的收集利用系统。

4）使用节水型器具并在水源处设置明显的节约用水标识。

5）推广非传统水源利用、废水排放综合处理技术、封闭降水及水收集综合利用技术。

（3）节能与能源利用。

1）建立节能与能源利用管理制度，明确施工能耗指标，制定节能降耗措施。

2）禁止使用国家明令淘汰的施工设备、机具及产品，优先使用国家、行业推荐的节能、高效、环保的施工设备和机具，选用变频技术的节能设备等。

3）建立主要耗能设备设施管理台账，机械设备应定期维修保养，确保良好运行工况。

4）严格按照国家规定的口径、范围、折算标准和方法对能耗进行定期监测，建立能源消耗统计台账，夯实能耗定额、计量、统计等基础性管理工作。

5）根据当地气候和自然资源条件，利用太阳能、地热能、风能等可再生能源。

（4）节地与土地资源保护。

1）建立节地与土地资源保护管理制度，制定节地措施。

2）编制施工方案时，应对施工现场进行统筹规划、合理布置并实施动态管理，避免土地资源的浪费。

3）现场堆土应采取围挡，防止土壤侵蚀、水土流失。

4）宜利用既有建筑物、构筑物和管线或租用工程周边既有建筑为施工服务。

5）工程施工完成后，应进行地貌和植被复原。

（5）人力资源节约与保护。

1）建立人力资源节约与保护管理制度。

2）宜采用数字化管理和人工智能技术，减少人力投入。

3）施工作业区、生活区和办公区应分开布置，生活设施远离有毒有害物质。

4）定期对施工人员进行职业健康培训和体检，配备有效的防护用品，指导作业人员正确使用职业危害防护设备和个体防护用品。

3. 信息化管理

施工现场应将绿色施工纳入施工现场可视化管理范畴，宜通过对建筑物数字化建模并结合仿真分析，对专项方案实行比选和优化，合理界定绿色施工的各项目标与指标。宜采用现代信息技术，积极探索"互联网＋"形势下管理、生产的新模式，积极推广物联网、BIM 等技术的创新应用。

3.2.3 相关方管理

项目经理部应建立相关方管理制度，明确相关方绿色施工管理职责，对相关方开展绿色施工相关知识培训及技术交底，并组织开展相关方绿色施工检查考核。相关方应认真履行合同或协议中的绿色施工责任。

3.2.4 数据监测与分析

数据监测是指以智能化管理系统为依托，开展扬尘、噪声、污（废）水等污染物监测工作，对水、电、污染物等进行统计、记录，形成数据库。

结果分析是指对收集数据定期组织与管理目标对比分析，依据分析结果采取改进措施。

3.2.5 应急管理

绿色施工应急管理应关注与突发群体性事件、新闻舆情事件的联动。应将绿色施工应急管理纳入各单位应急管理体系中，并满足规程等相关要求。根据危险有害因素辨识，针对粉尘、噪声、污水超标排放，有毒有害物质泄漏，生态环境破坏等突发事件，制订应急预案。当发生下列情况时，应立即启动应急响应：

（1）当发生意外粉尘大面积排放情况时，应立即查清粉尘排放原因，对造成粉尘排放的施工作业下达停止施工或部分停止施工命令，并采取喷水、吸尘或其他有效抑尘降尘措施。

（2）当发生强烈噪声排放时，应立即查明噪声源，并对发生强烈噪声的施工区域采取停止施工、部分停止施工或有效的隔声措施。

（3）当发生有毒有害物质泄漏事故时，应立即查明有害物质的种类，设立预防隔离区，并由专业人员采取有效治理措施。

（4）当发生暴雨侵袭事件时，应立即组织人员和设备，将渍水排出施工场界。

3.3 绿色施工检查与评价

绿色施工检查与评价应根据工程实际进展情况，确定检查的时间、范围和重点内容。检查可采取听汇报、查现场、看资料、谈话、询问、沟通反馈等方式。

3.3.1 绿色施工检查评分

检查组可对照绿色施工检查评分标准进行检查，并针对存在的问题提出改进建议，检查标准见表3.3－1。检查组应督促整改并完成整改闭合验证，留存资料并归档。

表3.3－1　　　　　　　　　　　　绿色施工检查评分标准

序号	检查项目		分值	扣分标准	检查情况	扣分
1		建立绿色施工管理组织机构，明确管理人员及职责	4	① 未建立绿色施工管理组织机构，扣1分 ② 未明确归口管理部门及管理人员，扣1分 ③ 未明确项目经理为第一责任人，扣1分；未明确各岗位人员绿色施工管理职责，扣1分		
2		管理制度	2	① 管理制度不齐全，每缺一项扣1分 ② 管理职责不明确、管理事项不全，不具备针对性及可操作性，扣1分		
3		在施工组织设计中编制绿色施工章节	2	① 未在施工组织设计中编制绿色施工章节，扣1分 ② 编制绿色施工章节与实际不相符，内容不具备针对性、操作性，扣1分		
4	管理部分50	绿色施工策划管理	5	① 未制定"五节一环保"施工目标和指标，扣1分；未对绿色施工目标和指标进行分解，扣1分 ② 未制订"五节一环保"工作计划，扣1分 ③ 未按照规定开展绿色施工专项方案的编制与审批，扣1分 ④ 未将相关方纳入项目的绿色施工管理体系中，扣1分		
5		耗能设备设施和生态环境污染源识别评价	7	① 未开展耗能设备设施的识别评价并建立台账，每缺一项扣1分 ② 未开展扬尘、噪声与振动、光污染、废（污）水、废气、固体废物、液体材料等生态环境污染源识别并建立清单，每缺一项扣1分 ③ 未开展生态环境污染源评价并建立重大环境影响清单，扣1分		
6		生态环境保护专项措施	6	① 未编制生态环境保护及污染物治理专项措施方案，每缺一项扣1分 ② 未编制生态环境保护设施和设备运行检修措施，每缺一项扣1分；缺少治理设施、设备运行和维修记录的，每缺一项扣1分；记录显示治理效果不满足要求未整改，每缺一项扣1分 ③ 未针对施工场地及毗邻区域内的人文景观、特殊地质、文物古树、相关管线分布情况制定保护措施，扣2分		

序号	检查项目		分值	扣分标准	检查情况	扣分
7	管理部分50	资源节约措施	4	① 未制订资源节约（节材、节水、节能、节地、节约与保护人力资源）措施方案，每缺一项扣1分 ② 未执行资源节约措施方案，每缺一项扣1分 ③ 未按规定淘汰落后耗能工艺、设备和产品，扣1分		
8		绿色施工培训	4	① 未按照培训计划开展培训工作，扣1分 ② 未对管理人员开展绿色施工相关制度、标准、方案等学习的培训，扣1分 ③ 未对作业人员开展绿色施工专项设备设施的运行及维护培训，扣1分		
9		环境风险与应急管理	3	① 未制订突发环境事件应急预案，扣2分；预案不具备完整性、针对性和可操作性，每处扣1分 ② 未编制现场处置方案的，每缺一项扣1分 ③ 未开展应急管理工作（培训、演练等），扣1分		
10		数据监测与统计	4	① 未开展污染物排放监测、检测工作，每缺一项扣1分 ② 未建立污染物排放量及浓度的统计台账，每缺一项扣1分 ③ 未建立主要耗能设备设施能源消耗统计台账，每缺一项扣1分 ④ 未对数据定期组织与管理目标的对比分析，并根据分析结果提出改进措施内容，扣1分		
11		措施费的使用管理	3	① 未明确绿色施工措施费用，扣1分 ② 未建立措施费使用台账，扣1分 ③ 措施费使用不合理，扣1分 ④ 未对费用投入进行实体验证，扣1分		
12		绿色施工检查考核	4	① 未定期组织自检并形成检查记录，扣1分 ② 检查内容不全面、数据不真实，未准确反映施工现场实际，扣1分 ③ 检查出的问题未整改闭合的，每项扣1分 ④ 未对相关方的绿色施工管理工作开展检查，扣1分 ⑤ 未对考核低分值的单位约谈改进，扣1分 ⑥ 对上级检查出的问题整改不到位，每项扣2分		
13		资料管理	2	① 资料管理不齐全，扣1分 ② 资料管理不规范，扣1分		
14	现场部分50	生态环境保护	38	① 未采取连续、密闭的围挡措施，扣4分 ② 主要道路未硬化处理，扣4分 ③ 道路及作业面未设置洒水或喷雾降尘措施，扣2分；设施未正常运行或非可用状态，每处扣1分 ④ 裸露地面、堆放土方等未按要求采取覆盖、固化、绿化等抑尘措施，扣2分 ⑤ 建筑垃圾土方砂石运输车辆未采取防止遗撒措施，扣2分 ⑥ 出入口处未设置车辆冲洗设施，扣4分；冲洗设施未正常运行或非可用状态，扣1分 ⑦ 强噪声施工机具未采取有效封闭措施，扣2分 ⑧ 电焊作业及夜间照明未采取防止光污染措施，每缺一项扣2分 ⑨ 废（污）水处理和排放未设置相应控制措施，每缺一项措施扣2分；处理设施未正常运行或非可用状态，每处扣1分 ⑩ 废气产生源未采取防治措施，每缺一项措施扣2分；处理设施未正常运行或非可用状态，每处扣1分 ⑪ 固体废物未进行分类收集并集中堆放，扣2分；固体废物储存点未封闭并防渗，扣1分 ⑫ 危险废弃物未按规定存放，扣2分；未委托有资质的机构处理处置，扣2分 ⑬ 易产生扬尘的建材未按要求密闭贮存或严密覆盖，扣2分		

续表

序号	检查项目	分值	扣分标准	检查情况	扣分
14	现场部分 50　生态环境保护	38	⑭ 未设置液体材料专用库房，扣 1 分；库房未防渗，扣 1 分 ⑮ 未按规定设置扬尘、噪声监测系统的，扣 2 分 ⑯ 现场车辆及机械设备存在漏油现象，每处扣 2 分 ⑰ 未按规定弃渣或弃渣侵占河道，每处扣 2 分 ⑱ 排水的明沟涵管未及时清淤造成堵塞，每处扣 2 分		
15	资源节约	12	① 未将办公区、生活区与施工区分开设置，扣 2 分 ② 使用国家明令禁止或淘汰的机械设备、设施的，扣 3 分 ③ 未对施工堆土进行围挡，扣 3 分 ④ 未设置节约资源标识，扣 2 分 ⑤ 作业人员未正确使用防护用品，扣 2 分		
基准分	100 分	合计得分：			

评分说明：应得分总分为 100 分，各检查项评分不得出现负分。

3.3.2　绿色施工检查内容和要求

1. 检查内容

绿色施工检查包括（但不限于）以下内容：

（1）绿色施工管理具体要求及目标。

（2）绿色施工专项方案及技术交底落实情况。

（3）绿色施工培训记录。

（4）绿色施工检查及整改记录。

（5）绿色施工评价记录。

（6）绿色施工监测记录。

（7）相关方的绿色施工管理记录。

2. 检查要求

绿色施工的检查要求包括以下几个方面：

（1）总公司、子公司宜结合安全环保年度检查考核计划开展绿色施工检查。

（2）项目经理部应定期组织自检并形成检查记录，检查内容应全面，数据真实，准确反映施工现场实际。

（3）检查应客观反映被检查单位绿色施工实际情况，有针对性地提出整改和改进建议。

3.3.3　绿色施工评价

项目经理部应进行绿色施工各阶段自评，最终评价结果报子公司。子公司负责对所属项目的绿色施工管理组织评价。

评价内容包括基本规定符合性评价及对环境保护、节材与材料资源利用、节水与水资源利用、节能与能源利用、节地与土地资源保护、人力资源节约与保护六个要素，需对六个要素逐一进行评价打分，具体评价标准参照《绿色施工管理评价评分表》，详见附录。

第4章

环境保护措施及实施重点

环境保护是近年来国家管控的重点内容。在建筑工程施工过程中会对周围环境造成破坏,绿色施工中的环境保护主要包括扬尘、噪声与振动、光污染、废(污)水排放、废气排放、液体材料污染控制、固体废弃物处理以及邻近设施、地下设施和文物保护几个方面。本章内容也围绕这几个方面展开。

4.1 扬 尘 控 制

4.1.1 扬尘污染源识别

项目经理部结合分项工程施工以及施工场地对扬尘污染源进行识别,主要包括但不限于以下污染源:拆除作业、土石方作业、施工现场砂石、水泥、沥青混合料等材料运输与存储、砂浆拌和系统、垃圾清理、土质改良、木工加工场等。

4.1.2 施工过程扬尘控制

1. 拆除工作

拆除作业过程中,可采用清理积尘、淋湿地面、预湿墙体、屋面敷水袋、楼面蓄水、建筑外设高压喷雾系统、搭设防尘脚手架综合降尘措施。雾炮喷雾如图 4.1-1 所示,喷淋设施如图 4.1-2 所示。

拆除作业施工过程中,应做到拆除物不乱抛乱扔,防止拆除物撞击引起扬尘。建筑拆除喷雾系统如图 4.1-3 所示。拆除施工可采用静性拆除技术降低噪声和粉尘。

拆除物集中堆放,并用密目网覆盖。清运时,装车的高度低于槽帮 10~15cm,并且封闭。车辆封闭运输如图 4.1-4 所示。

图 4.1-1 雾炮喷雾

图 4.1-2 喷淋设施

图 4.1-3 建筑拆除喷雾系统

图 4.1-4 车辆封闭运输

为控制爆破产生的大量粉尘，宜采取以下措施：

（1）在爆破设计中从爆破抛射方向、单响药量、单耗、联网方式、炮孔堵塞长度等方面优化设计，减少粉尘产生。

（2）水封爆破。在炮孔中堵塞水炮泥，爆破后塑料袋中的水成为微细的水滴将爆破所产生的粉尘凝集。水封爆破如图 4.1-5 和图 4.1-6 所示。

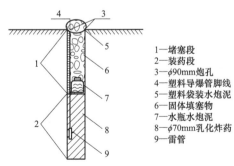

1—堵塞段
2—装药段
3—ϕ90mm炮孔
4—塑料导爆管脚线
5—塑料袋装水炮泥
6—固体填塞物
7—水瓶水炮泥
8—ϕ70mm乳化炸药
9—雷管

图 4.1-5 水封爆破示意图

图 4.1-6 水封爆破实图

掘路施工现场宜进行围挡封闭，现场宜准备小型洒水车（见图 4.1-7），在开挖过程中洒水，且做到工程渣土外运无外溢；开挖完成后应采取遮盖措施（见图 4.1-8）。

图 4.1-7　洒水车

图 4.1-8　裸土覆盖

铣刨后，面层表面浮动矿料、表面杂物应清扫干净。灰尘提前进行冲洗，并用空气压缩机吹干净。遇有四级以上大风天气或发出严重污染天气红色预警时，应及时停止拆除作业，避免出现扬尘污染。

2. 土石方作业扬尘

土石方作业前，宜用洒水车沿施工段落进行洒水，保持作业面湿润，同时做到作业面不泥泞（见图 4.1-9 和图 4.1-10）。

图 4.1-9　洒水车

图 4.1-10　洒水车作业

土石方作业在施工过程中，主要采用雾炮机、自动喷雾抑尘系统、洒水车等降尘措施，进行扬尘控制（见图 4.1-11 和图 4.1-12）。

图 4.1-11　雾炮喷雾

图 4.1 – 12 洒水车洒水

土石方运输优先选用全密闭式智能重型自卸车，减少尾气排放，实现全密闭运输（见图 4.1 – 13）。运输过程中，车辆出入口线路安排专人进行指挥，运输车辆出场前应覆盖严密，防止泄漏、遗撒，车辆槽帮和车轮应冲洗干净。

图 4.1 – 13 全密闭式智能重型自卸车

土方集中堆放，裸露的场地和集中堆放的土方应采取覆盖或绿化措施（见图 4.1 – 14 和图 4.1 – 15）。

图 4.1 – 14 裸土覆盖　　　　　　　　图 4.1 – 15 裸土绿化

道路基层施工裸土可采用环保型土体固化剂处理。固化剂在土体表面形成固化层，在大风天气不会造成尘土飞扬，可有效地保护环境和土壤（见图4.1-16）。

图4.1-16　裸土固化及固化剂

土方回填转运作业时，施工现场应进行土壤含水量检测，若低于最佳含水量2%以下，应进行洒水降尘。遇四级以上大风天气或发出严重污染天气红色预警时，严禁进行土方开挖、回填等可能产生扬尘污染的施工作业，同时覆盖防尘网。

3. 钢筋植筋作业

在对混凝土植筋钻孔前，宜对需钻孔的混凝土表面进行充分湿润，减少在钻孔时产生的粉尘（见图4.1-17）。在钻孔过程中，目测扬尘高度在0.5m以上，可采用手动喷雾器喷雾，也可采用除尘罩，至目测无明显扬尘为止。在四级风力以上情况下，应停止进行室外钻孔作业。

4. 装修作业

装修过程中应当优先选用低粉尘装修材料。防尘可采用防尘罩、降尘喷雾器、真空分离吸尘器（见图4.1-18）等设备进行控制。

图4.1-17　混凝土植筋钻孔　　　　图4.1-18　真空分离吸尘器

5. 材料运输与堆放

现场砂石、水泥、沥青等颗粒材料转运过程中，应进行 100%覆盖。在装卸过程中，作业人员应戴防尘口罩，规范搬运，防止扬尘、遗撒。

施工现场的运输车辆应严格限制施工现场内大型机动车辆的行驶速度，并设置醒目的限速标志。运输车辆进出场前应选用合适的材料运输工具，采用适合的装卸方法，覆盖严密，防止泄漏、遗撒，车辆槽帮和车轮应冲洗干净。

施工现场宜设置材料存储库，并将材料分类码放。石子、砂子应分类堆积，底脚整齐、干净，并将周边及上方拍平压实，用密目网进行覆盖，如过分干燥，应及时洒水。水泥和其他易飞扬的细颗粒建筑材料应按施工总平面布置密闭存放，不能密闭时应进行覆盖（见图 4.1－19 和图 4.1－20）。

图 4.1－19　水泥存放　　　　　　　　图 4.1－20　材料存储的覆盖

6. 砂浆拌和系统

施工现场砂浆拌和系统应采取封闭、降尘措施（见图 4.1－21）。

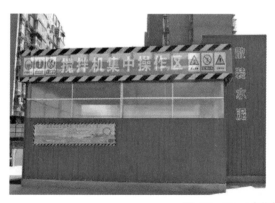

图 4.1－21　砂浆拌和系统封闭措施

7. 木工加工厂

施工现场木工棚采用封闭式管理，增加通风设施，防止木屑、粉尘等污染环境。在材料加工期间，应开启除尘设备。并监测木工房中的粉尘浓度，当发现粉尘浓度超标，或目测可见空气中有粉尘颗粒时，应暂停加工作业，或增加自动喷雾降尘或人工喷雾器降尘（见图4.1-22和图4.1-23）。

图4.1-22　自动喷雾降尘　　　　　　图4.1-23　人工喷雾器降尘

8. 降尘专项控制措施

（1）施工场地处理措施。

根据场地所需承担的负荷进行设计，施工主要的活动地段包括施工现场主出入口道路、钢筋存放场地、大模板存放场地、办公区场地等进行硬化处理。施工道路硬化如图4.1-24所示。

图4.1-24　施工道路硬化

施工现场主干道硬化宜采用水泥混凝土或沥青混凝土路面，其他部位可根据情况采用混凝土、三合土、砂石等方式进行硬化，也可使用可以重复利用的材料进行硬化。对于停车场、临时人行道路可铺设种植砖或透水砖（见图4.1-25和图4.1-26）。

场地内在没有动荷载或承受荷载较小的位置（如材料堆放区、钢筋加工区等），可采用块石地面、碎石地面及方砖地面等（见图4.1-27和图4.1-28）。对于施工现场不使用区域，可采取绿化措施，种植绿色植物（见图4.1-29）。大面积裸露地面宜采用密目网覆盖。

图 4.1 – 25　停车场铺设种植砖

图 4.1 – 26　透水砖路面

图 4.1 – 27　块石地面

图 4.1 – 28　方砖地面

（2）车辆冲洗措施。

施工场区出入口处设置车辆冲洗池，车辆冲洗干净后方允许驶出场区。车辆冲洗装置如图 4.1 – 30 所示，冲洗装置设计如图 4.1 – 31 所示。冲洗池的水经沉淀再循环利用或进入市政污水系统。

图 4.1 – 29　场地绿化

图 4.1－30　车辆冲洗装置

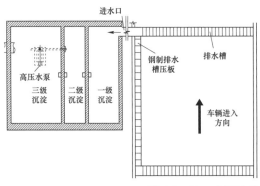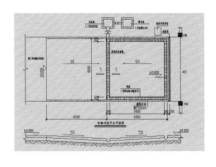

图 4.1－31　车辆冲洗装置设计图

施工区域不具备设置大型洗车设施的项目可使用简易车辆冲洗设备，在施工场地出入口硬化车辆冲洗区域设置简易洗车泵、洗车水枪和排水沟（见图 4.1－32）。

（3）自动喷雾降尘措施。

1）高空喷雾降尘系统。

① 楼层喷雾系统：利用硬防护或楼层外沿做喷洒平台，将楼中的消防管道引至硬防护所在楼层或设定的喷洒楼层，并沿着硬防护绕一圈。支管为 DN15 的管，根据每个喷头的喷洒距离设置间距 3m，支管超出硬防护或者楼层外沿宜 50cm，在支管末端接一个 45°弯头并朝下；再接一段直管，将喷头安装在直管下端。楼层外喷雾装置如图 4.1－33 所示。

简易高压水枪　　　　洗车泵

图 4.1－32　简易冲洗设备

图 4.1－33　楼层外喷雾装置

② 起重机臂喷淋系统：可在塔式起重机臂设置雾状喷淋装置（见图 4.1－34），喷头水平间隔不大于 5m。喷淋装置的主管采用 $\phi20mm$ 的 PPR 管，支管采用 $\phi15mm$ 的 PPR 管。

图 4.1－34　塔式起重机臂雾状喷淋装置

2）施工道路及现场降尘的自动化喷淋系统。主要由基坑降水系统、集中水箱、加压水泵、喷洒干管、喷洒支管组成。

在基础及主体结构施工期间，可利用基坑降水系统；若工程不需要进行降水或工程处于后期的装饰装修阶段，可利用市政水源。现场可设置 2 个集中水箱（水箱大小可根据现场的道路面积确定），将地下水提升至水箱，通过增压泵的二次加压对环网进行水源供给。喷洒道路环网干管采用 DN50 焊接钢管，形成循环回路。根据道路的走向及长短在干管的不同部位设置阀门，通过对阀门的控制来实现分段供水。在干管全长焊接 DN15 支管，间距 5m。支管总长 1.25m，其中竖直高度 0.75m，朝向临时施工道路弯折 45°，长度 0.5m。在支管的竖直高度的中上部设置控制阀门，无特殊情况此类阀门处于常开状态，遇特殊情况只需局部降尘时，可通过手动关闭相应部位的阀门；在支管的末端设置喷洒头，以便水能够均匀喷洒，达到降尘的作用。自动喷淋系统示意图如图 4.1－35 所示，现场作业如图 4.1－36 所示。

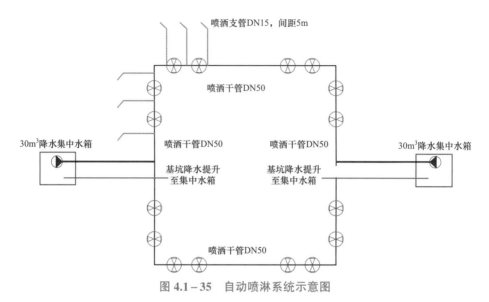

图 4.1－35　自动喷淋系统示意图

图 4.1－36　自动喷淋系统现场作业

4.1.3　扬尘监测

通过监测系统随时监控工地现场扬尘情况，施工现场安装 PM2.5 和 PM10 监控系统，通过系统检测数据进行现场控制（见图 4.1－37）。

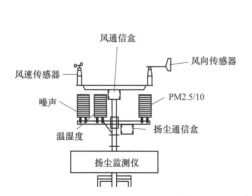

图 4.1－37　扬尘噪声检测系统

扬尘噪声监测系统宜安装在施工工地的围挡内且相对固定的地点，选择在工地周围视野良好、通风条件良好的位置。在线监测设备基座应采用砌筑或混凝土浇筑予以固定，监测仪器采样口应垂直设置，采样口到在线检测仪器的管道长度应小于 2.5m，采样口高度应设置在距离地面 3.5m±0.5m 处，离反射面大于 3.5m。占地面积在 10000m² 以上的建设工程，在建设工程施工现场应至少安装 1 套扬尘在线监测设备，每增加 10000m² 宜增设 1 个监测点，增设的监测点应设置在距离主要扬尘源 5m 处。

每天由专人采集数据，形成数据台账，根据数据情况，启用降尘措施。

4.2　噪声与振动控制

4.2.1　噪声与振动源识别

项目经理部对施工作业及使用的机械设备产生的噪声与振动进行识别，主要包括但不限于表 4.2-1 所示类型。

表 4.2-1　　　　　　　　　不同施工作业的噪声来源及限值

施工作业	主要噪声源	噪声限值（dB）	
		昼间	夜间
拆除	破碎锤、挖掘机、风镐、空气压缩机等	70	禁止施工
土石方	推土机、挖掘机、装载机、运输车辆等	75	55
桩基	各种打桩机等	85	禁止施工
混凝土	混凝土搅拌机、振捣棒等	70	55
材料加工	电锯、钢筋切断机等	70	禁止施工

注：1. 夜间噪声最大声级超过限制的幅度不得高于 15dB。

2. 当场界距噪声敏感建筑物较近，其室外不满足测量条件时，可在噪声敏感建筑物室内测量，并将上表中相应的限值减 10dB 作为评价依据。

4.2.2　噪声与振动控制措施

噪声排放应符合现行国家标准《建筑施工场界环境噪声排放标准》（GB 12523—2011）的规定。

1. 从声源上控制噪声

合理安排施工时间，减少夜间施工。中考和高考期间，距考场直线距离 500m 范围内，应禁止产生噪声的施工作业，停止夜间施工。施工时严格控制人为噪声，进入施工现场不得大声喧哗，场区禁止车辆鸣笛，不得无故甩打模板、乱吹哨，限制高音喇叭使用。并且在施工过程中应选用低噪声的钢筋切断机、混凝土振捣器、发电机、木工圆盘锯等设备（见

图 4.2-1～图 4.2-4)。

图 4.2-1　低噪声钢筋切断机

图 4.2-2　低噪声混凝土振捣器

图 4.2-3　低噪声发电机

图 4.2-4　低噪声木工圆盘锯

在施工过程中采用低噪声新技术。例如在桩基施工中改垂直振打施工工艺为螺旋、静压、喷注式打桩工艺、静力压桩机等。低噪声新技术如图 4.2-5～图 4.2-8 所示。

图 4.2-5　静压植桩机

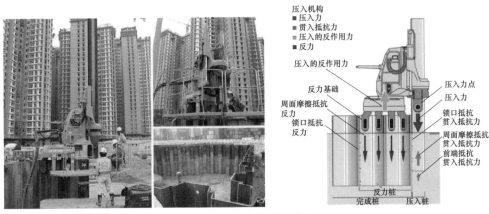

图 4.2-6　钢板桩静压植入

图 4.2-7　正循环钻机

图 4.2-8　反循环钻机

爆破作业时，在试爆时对噪声进行测量，如噪声超过 90dB，应对爆炸方案进行调整，例如减少单次装药量、分段爆炸等。宜采用静压爆破劈裂机，无噪声、无扬尘。

所有施工机械、车辆必须定期保养维修，并在闲置时关机以免发出噪声。振捣混凝土作业不应振捣钢筋和钢模板，杜绝空转。模板、脚手架钢管的拆、立、装、卸应做到轻拿轻放，上下前后有人传递，严禁抛掷。电锯切割时在锯片上刷油，锯片送速应适中，锯片上应加设保护罩。

2. 从传播途径控制噪声

合理布置施工场地，高噪声设备车间尽量远离噪声的敏感区域。施工现场应设置连续、密闭的围挡（见图 4.2-9）。围挡采用硬质实体材料，高度应达到地方规定要求。

噪声较大的设备（如混凝土输送泵、电圆锯、现场砂浆搅拌机等），宜封闭处理。设备封闭处理如图 4.2-10～图 4.2-13 所示。

图 4.2-9　现场围挡样式

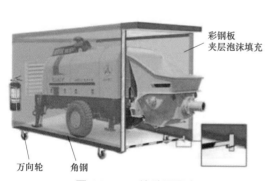

图 4.2-10　输送泵隔声

图 4.2-11　电圆锯隔声

图 4.2 - 12　无齿锯护罩

图 4.2 - 13　砂浆搅拌机隔声

预拌砂浆罐可设置密闭隔声罩（见图 4.3.2 - 14）。

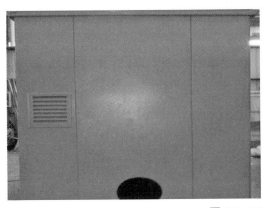

图 4.2 - 14　密闭隔声罩

钻孔时宜设置隔声材料制作的移动式隔声屏（见图 4.2 - 15）。

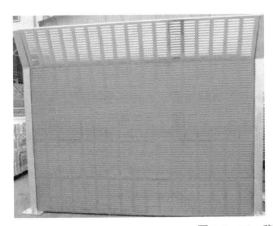

图 4.2 - 15　移动式隔声屏

设置隔声木工加工车间。木工房应密闭，降噪效果应达到国家标准。木工房围护结构宜选用砌块砌筑，墙体厚度不小于 180mm，砌块间应用水泥砂浆勾缝严密。木工房高度必须在 2.5m 以上。木工房砌筑不得采用实心黏土砖，不宜用瓦楞铁或多层板围护。木工加工棚宜采用可移动式，顶部可采用水泥板。木工房门应采用木制门板，门板外应设置隔声布，前后噪声降低值应不少于 30dB，如降噪效果达不到要求，可在墙体外侧增加抹灰层。封闭式木工加工棚如图 4.2 - 16 所示。

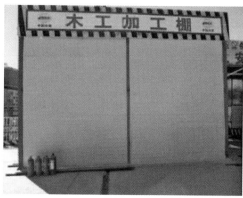

图 4.2 - 16　封闭式木工加工棚

脚手架使用密目网、钢网片等措施隔声（见图 4.2 - 17）。如直线距离 30m 有住宅小区，宜在朝向住宅面一侧增设隔声屏。隔声屏采用专用隔声布制作，高度应不低于 18m，宽度应不短于在施工程边长（见图 4.2 - 18）。

在声源和传播途径上无法对受音者或受音器官采取防护措施，或采取的声学措施仍不能达到预期效果时，需对受音者或受音器官采取防护措施。长期职业性噪声暴露的工人可以戴隔声耳塞、耳罩或头盔等护耳器。

3. 噪声与振动专项控制措施

（1）噪声隔声板。施工区域采用隔声板实施封闭性施工（见图 4.2 - 19），修建临时隔声屏障，以减少施工噪声对附近居民生活造成的影响。

图 4.2 - 17　脚手架隔声　　　　　　　　图 4.2 - 18　隔声屏

（2）钢筋混凝土无声爆破拆除技术。在钢筋混凝土支撑上钻孔，然后填装 SCA 浆体。浆体经过 10～24h 后的反应，生成膨胀性结晶体，体积增大到原来的 2～3 倍，在钻孔中产生 30～50MPa 的膨胀力，将混凝土破碎，然后利用机械结合人工将混凝土破碎成较小碎块，分离钢筋后清理碎块。钢筋混凝土无声爆破拆除技术如图4.2-20所示。

图4.2-19 隔声板

图4.2-20 钢筋混凝土支撑无声爆破拆除

4.2.3 场界噪声与振动监测

施工现场宜设置噪声实时监测系统或配备可移动噪声测量仪（见图 4.2-21）。每天由专人采集数据，形成数据台账，根据数据情况，启用相应的降噪措施。

图4.2-21 噪声监测

4.3 光污染控制

4.3.1 光污染源识别

项目经理部结合施工作业对光污染源进行识别，主要包括但不限于夜间照明、电弧焊接等。

4.3.2 施工过程光污染控制

为减少或避免光污染，应采取遮光或全封闭等措施，必要时限时施工。

1. 夜间照明控制措施

应当合理安排施工作业时间，避免夜间施工作业。当现场工作面较大时，在夜间非施工区应关闭照明灯具，只开启值班用照明灯具。夜间施工严格按照建设行政主管部门和有关部门的规定执行，对施工照明器具的种类、灯光亮度加以严格控制，禁止灯光照射周围住宅区。夜间施工照明范围集中在施工区域，大型照明灯具安装应有俯射角度，设置挡光板控制照明范围。限制夜间照明光线溢出施工场地。大型照明灯设置方式如图4.3-1～图4.3-4所示。

图 4.3-1 大型照明灯设置

图 4.3-2 大型照明灯设置俯射角度　　　图 4.3-3 起重机安装照明灯图

 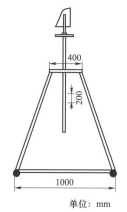

移动式照明灯塔结构及规格示意图

图 4.3-4 移动式照明灯设置

2. 电弧焊接作业遮挡措施

电弧焊接作业时宜搭设操作棚，避免造成光污染；或者在焊点周围设挡板，挡板高度和宽度以不影响周围居民场所为宜。电焊加工棚如图 4.3-5 所示。焊接作业设置遮光罩，减少弧光外泄影响周边环境，遮光罩采用不燃材料制作。遮光罩如图 4.3-6 所示。

图 4.3-5　电焊加工棚　　　　　图 4.3-6　遮光罩

焊工应佩戴个人防护用品施焊。防护如图 4.3-7 所示。

图 4.3-7　焊接防护

4.4　废（污）水排放控制

4.4.1　废（污）水污染源识别

项目经理部结合施工作业及生活区域产生的废（污）水污染源进行识别，主要包括但不限于：生产废（污）水（施工排水、车辆冲洗水、拌和系统产生的废水、建筑物上部施工用水产生的废水、基坑内废水、泥浆处理产生的废水、石料冲洗、围堰施工振动引起的底泥扰动迁移、半幅导流阶段水土流失造成地表水污染等）；生活废（污）水（食堂、厕所、淋浴间产生的污水等）。

4.4.2　施工过程废（污）水排放控制

污水排放应符合现行国家标准《污水综合排放标准》（GB 8978—1996）、《污水排入城镇下水道水质标准》（GB/T 31962—2015）（排入市政管网）等有关要求。

1. 生产废（污）水控制措施

施工现场设计有明确的排水以及回收利用的路线，设置排水沟及沉淀池，并定期清理，保持排水通畅。雨水、混凝土养护废水、搅拌站废水等废水通过排水沟流入沉淀池，经过沉淀后在达到水质要求的情况下优先使用，或排入市政管道。沉淀池如图4.4-1～图4.4-4所示。

图 4.4-1　沉淀池效果图

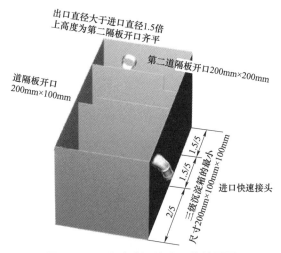

图 4.4-2　移动式沉淀池三维效果图

图 4.4-3　移动式沉淀池实物图

图 4.4-4　现场沉淀池

永久性排水沟规格应满足现场废水的排放要求，确保在排水过程中不会溢出。宜深度不小于 10cm，宽度不小于 20cm，可用砌块砌筑，表面抹灰，也可采用混凝土浇筑。排水沟表面可加盖铁箅子，便于车辆通行，同时防止废渣进入排水沟（见图 4.4-5）。

图 4.4－5　排水沟

施工现场洗车沉淀池宜采用三级沉淀方式处理。三级沉淀的原理是将集水池、沉砂池和清水池三个蓄水池之间用水管连通，清洗混凝土搅拌车、泥土车的废水经过三级沉淀处理后，可循环利用。洗车沉淀池如图 4.4－6 所示。

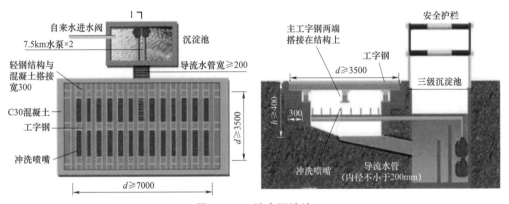

图 4.4－6　洗车沉淀池

为防止现场搅拌站积水、泥浆破坏施工条件、污染土壤，应设置排水沟。由于现场搅拌沉渣太多，搅拌站排水沟端部应设置集水井，与现场排水管网相连通。集水井如图 4.4－7 所示。集水井中的水可用于清洗搅拌设备；排水沟与集水井中沉渣应定期清理。

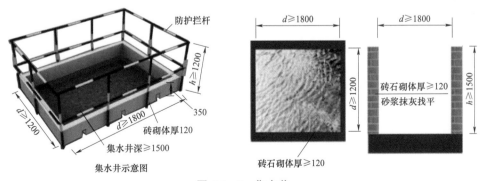

图 4.4－7　集水井

建筑物上部用水包括浇筑用水、养护水、渗漏水等，宜设置临时排水管路，进入地表排水沟排入沉淀池中。建筑物沿楼梯安装临时排水管，排水管排出口与室外集水井相连，排水管随楼梯施工向上安装，施工产生废水从楼梯排水管排至室外集水井。建筑物上部施工用水排水措施如图 4.4-8 所示。

图 4.4-8　建筑物上部施工用水排水措施

灌水试验用水、卫生间闭水试验用水通过地漏、管道等排放，进入地表排水沟排入沉淀池中。

基坑排水沟通过人工开挖，深度控制在比挖土面低 0.4~0.5m，水沟边坡为 1:1~1.5，沟底设有 0.2%~0.5% 的纵坡，排水沟要设置在地下水的上游，并且保持通畅。每隔一段间距应当设置集水井，排水沟中的水流统一汇集于集水井中排放。集水井比排水沟最少低 0.5~1.0m，或深于抽水泵进水阀的高度以上。井壁用木方、木板支撑加固，井的基底采用 10cm 厚 C15 混凝土。集水井中的水用抽水泵抽排，抽排的水直接进入地表排水沟排入沉淀池中。为了防止泥沙进入水泵，水泵抽水龙头应包以滤网。

泥浆处理产生的废水控制措施。泥浆处理主要采取集中沉淀干燥后外运方式，在施工现场设置泥浆池，根据钻孔进度及时采用高压泥浆泵抽除泥浆池表层废浆，对泥浆进行沉淀后，将表层废水排入施工现场排水系统中，并将干燥淤泥挖装至运输车上，且覆盖严密，及时外运至指定余泥排放点。或通过泥浆处理设备，将泥浆进行固液分离，通过有效洗涤，可回收有用物质，以达到资源再利用的目的。

淤泥晾晒场地不得设置在饮用水源一级保护区域，其周边设置排水沟，连接沉淀池。沉淀池出口处设置水质监测点，满足回用标准后回用于工地洒水抑尘。

针对围堰施工造成的水体扰动，施工前须在围堰下游侧设置过滤带，阻挡污染物向下游取水口迁移；应优先选用静压植桩机代替传统振动打桩机，钢板桩之间的锁口严禁施用油脂，以减少围堰施工多水体的扰动和水体污染；围堰施工应在非雨季，尽量在枯水期施工，防止雨水裹挟扰动的泥沙迁移至更大范围。

针对半幅导流阶段水土流失造成地表水污染，应根据天气安排土石方作业时间，减少表土裸露时间，同时采用土工布覆盖、周边沙袋围合，在临时堆土区周边布设排水沟，排水沟沿线布设沉沙池，施工完成后临时堆土区及时复绿等措施。

2. 生活废（污）水控制措施

施工现场临时食堂应设置隔油池（见图4.4-9和图4.4-10），经过隔油池过滤才允许排入市政污水管网。隔油池应定期进行清理。

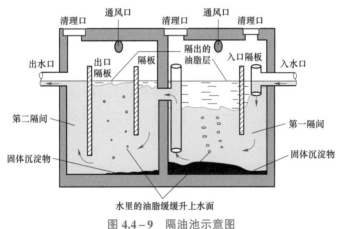

图 4.4-9　隔油池示意图

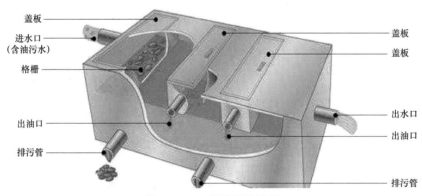

图 4.4-10　标准隔油池图

现场临时厕所应设置化粪池，并做防渗漏处理。化粪池的规格参照《建设工程施工现场环境与卫生标准》（JGJ 146）规定。污水经过化粪池后排入市政污水管道，如现场没有污水管道，则排入密闭的集水池，定期进行清理。施工现场宜采用环保移动厕所（见图 4.4-11），每天及时清理，并将清理出的污水倒入化粪池中。

图 4.4-11　环保移动厕所

食堂、盥洗室、淋浴间的下水管线宜设置隔离网，并与市政污水管线连接，保证排水通畅。

3. 废（污）水专项控制措施

（1）混凝土输送管气泵反洗技术。目前，高层建筑在混凝土浇筑结束时，主要靠水洗的方法对混凝土泵及混凝土输送管由上至下进行清洗（见图 4.4-12）。掺有混凝土的污水灌入下一层或电梯井中的楼板上，对结构造成较大污染。为减少污染，宜采用混凝土输送管气泵反洗技术。

图 4.4-12　传统水洗法

气泵反洗技术主要机具有自制连接头（连接空气压缩机和布料机软管）、空气压缩机、柱状或球状橡胶球、适合工地起重机的料斗。输送管连接必须使用质量较好的塑料胶圈。

在作业面需要的混凝土量略少于泵车料斗内和混凝土输送管混凝土方量总和时，进行气泵反洗。气泵反洗主要是利用混凝土的自重和空气压缩机推动橡胶球的压力，把混凝土从泵管中吹出。及时收集地面混凝土，再装入混凝土料斗，吊送至作业面进行使用。超出作业面方量的混凝土，可用于制作二次结构过梁等小型构件。气泵反洗技术如图 4.4-13～

图 4.4-18 所示。

图 4.4-13 自制连接头

图 4.4-14 连接体系

图 4.4-15 混凝土回收

图 4.4-16 混凝土吊送图

图 4.4-17 作业层应用

图 4.4-18 小型构件预制

气泵反洗技术可以使混凝土全部返回后台，通过起重机吊送到作业面。剩余少量的混凝土进行其他构件预制。由于气泵反洗技术没有使用水清洁，所以节约了水资源，避免了废水产生。

（2）桩基施工泥浆排放减量化技术。目前大直径泥浆护壁钻孔灌注桩技术用水量大、泥浆排放多，不利于节约水资源，且污染环境（工地可用来排浆的场地少，且泥浆排放后，泥浆自身固结周期长），因此需采用桩基施工泥浆排放减量化技术。适用于软土地区砂黏交互的地层中泥浆护壁大直径钻孔灌注桩施工，适宜的钻孔机械包括旋挖钻机和回转钻机，以桩孔空钻深度较大为宜。

桩基施工泥浆排放减量化技术主要依托旋挖钻机+磨盘钻机+除砂器的设备组合实现。基本工作原理为：工程钻机钻孔回流泥浆→进入沉淀池→沉淀池内通入高压气管翻搅泥浆→翻搅后泥浆输入除砂器过滤→除砂后泥浆进入循环池（砂土清理存放）→检验并调配泥浆→用作旋挖钻机钻孔稳定液。桩基施工泥浆排放减量化技术工作原理图如图4.4-19所示。

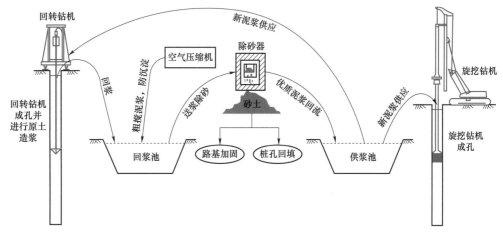

图 4.4-19　桩基施工泥浆排放减量化技术工作原理图

（3）钻孔灌注桩泥浆处理技术。钻孔灌注桩泥浆处理技术适用于城市环境下的钻孔灌注桩废弃泥浆处理工程。钻孔灌注桩泥浆处理技术采用卧式螺旋离心机对钻孔工程废弃泥浆进行固液分离处理，分离出的固相物质可用于工程桩虚孔回填及泥浆池回填等工程填方施工，也可使用土方车运输填埋处理；分离出的液相物可在桩基施工中循环利用，且对钻机施工效率无明显影响。泥浆处理后的固相物含水量应达到工程填方标准或运输标准，处理后液相物可循环利用。钻孔灌注桩泥浆处理技术如图4.4-20所示。

（4）泥浆固化技术应用。施工过程中，废泥浆产生大量的污水，如果污水不及时处理，会造成环境污染。在当前的废泥浆固化技术中，主要采用两种方法：一是添加无机固化剂对废泥浆进行处理；二是通过添加废渣对废泥浆进行处理。泥浆固化技术适用于钻井作业过程中产生废弃泥浆的处理工程。

1）无机固化剂处理。无机固化剂无毒无味，能够保证较长的固结时间，具有稳定性以及安全性；降低泥浆固结时间，固化效率高。采用这种方式对废泥浆进行处理，可以将其造成的负面影响降到最低，起到保护施工环境的作用。

2）添加矿渣对泥浆处理。矿渣遇冷会出现砂状的玻璃体物质，具有潜在活性。用碱加以催化，能有效地延长固化的时间，可使矿渣微粒具备一定胶凝固化的特性。矿渣的细度会对固化产生影响，细度越大凝结的时间越短。

（5）泥沙分离和泥浆改性增活技术。传统的泥水平衡式顶管最大的难题是泥水平衡系

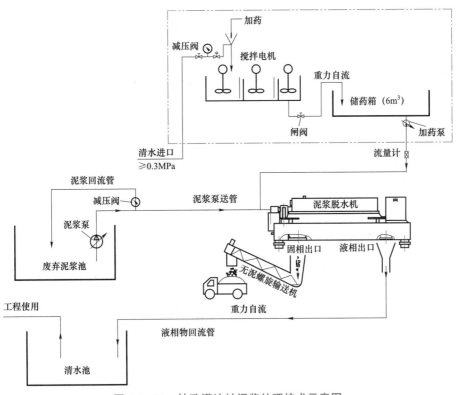

图 4.4-20　钻孔灌注桩泥浆处理技术示意图

统中浆液的补充和出井废泥浆的排放问题。泥水平衡式顶管出土输送和地层安全都用泥浆作为介体，用泥浆量大。传统补充水的方法有就近使用消防用水和水车运输两种，消防用水审批困难，水车运输投入较高。泥水的处理办法一般为经过三级沉淀池排入附近下水道，种做法一是三级沉淀池在处理大量废泥浆时效率降低；二是沉淀池容易淤满，外运需要自卸式污泥运输车。

泥沙分离和泥浆改性增活技术是在泥水平衡式顶管中引入旋流式泥沙分离装置，将分离后的砂用作建筑材料，分离后的泥浆增加活性剂送入顶管机，实现泥水平衡式顶管泥浆的循环利用，并使最终产生的泥饼含水量大幅降低，提高了泥土外运的实际运输效率。泥沙分离和泥浆改性增活技术适用于城市内顶管废水处理。旋流式泥水分离器如图 4.4-21 所示。

（6）透水混凝土。透水混凝土又称多孔混凝土、无砂混凝土、透水地坪。透水混凝土是由骨料、水泥、增强剂和水拌制而成的一种多孔轻质混凝土。它不含细骨料，由粗骨料表面包覆一薄层水泥浆相互黏结而成形成孔穴均匀分布的蜂窝状结构。透水混凝土路面可以使雨水通过透水层，从而有效地补充地下水，缓解城市热岛效应，保护城市自然水系不受破坏，具有很强的环保价值。透水混凝土路面如图 4.4-22 所示，生态混凝土如图 4.4-23 所示。

图 4.2－21　旋流式泥水分离器

图 4.4－22　透水混凝土路面

图 4.4－23　生态混凝土

（7）生活办公区污水处理系统。目前，施工单位多侧重于施工场地的水资源重复利用，对生活办公区用水的重复利用较少，各类生活用水一般均混排至市政污水管道或自建化粪池。上生活污水的产量很大，不可忽视。我们这里为读者介绍一个生活办公区污水处理系统，其功能如图 4.4－24 所示。生活办公区污水处理系统适用于各类建筑、市政工地的临时办公区和生活区。生活污水处理示意图如图 4.4-25 所示，污水处理系统工艺流程如图 4.4-26 所示。

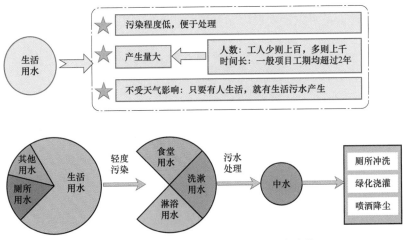

图 4.4-24 生活办公区污水处理系统功能

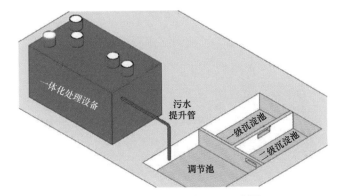

图 4.4-25 生活污水处理示意图

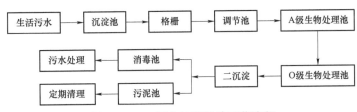

图 4.4-26 污水处理系统工艺流程

生活办公区污水处理系统具有以下几点优势：

1）设置全自动及手动控制两种功能。

2）进水泵高水位启动，低水位停止，超警戒水位时报警。

3）设备停止工作 2h 以上时，风机能定时间歇运行，以保持生物膜活性。

4）设有过流、断相、过载、短路保护，故障自动切换并声光警报。

5）运行可靠，寿命长，控制系统自动化水平高。

生活办公区污水处理系统的原理：

1）A 级生物处理池中含有大量厌氧微生物，这些微生物可以把污水中大分子有机物水解成小分子有机物，把难溶解有机物转化为可溶解性有机物。风机供 A/O 级生化池、调节池中充氧曝气，搅拌。A 级生物处理池示意图如图 4.4-27 所示。

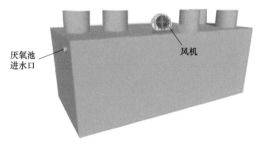

图 4.4-27　A 级生物处理池示意图

2）该污水处理的核心部分是 A/O 级生物处理池，由池体、布水装置、填料和充氧曝气系统等部分组成。它分二级成梯度降解水质，可大幅度降低水中有机质，在氧气充足条件下，降解水中氨氮，降低 COD 值。O 级生物处理池示意图如图 4.4-28 所示。

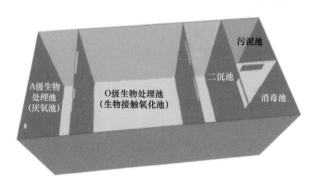

图 4.4-28　O 级生物处理池示意图

3）池中填料采用弹性立体组合填料，该填料具有比表面积大、易挂膜、耐腐蚀、不结团堵塞、使用寿命长等优点。填料在水中可以自由舒展，能对水中的气泡产生多层次切割效果，相对增加了曝气效果。曝气头应选用微孔曝气头、不堵塞，池中曝气管路选用优质 ABS 管，以保证较高的氧利用率。立体式填料充氧曝气系统示意图如图 4.4-29 所示。

图 4.4-29　立体式填料充氧曝气系统示意图

4）生化后的污水流到二沉池，其为竖流式沉淀，排泥时放空污泥池内的污泥，打开排泥阀靠水位差将污泥压到污泥池内。由吸粪车定期运走污泥池内的污泥。消毒池接触时间为 1.3h，消毒方式采用固体氯片接触溶解。消毒池示意图如图 4.4－30 所示。

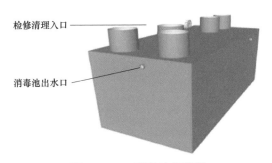

图 4.4－30　消毒池示意图

4.4.3　废（污）水排放监测

对生产废水排放量及回用量进行统计监测。对生活污水定期进行检测，污水检测指标根据项目所在地相关部门污水排放要求设置，发现超标时，及时排查原因，采取相应的处理措施，确保污水排放达标。pH 试纸对污水进行检测如图 4.4－31 所示，废（污）水检测如图 4.4－32 所示。

图 4.4－31　采用 pH 试纸对污水进行检测

图 4.4－32　废（污）水检测

4.5 废气排放控制

4.5.1 废气污染源识别

项目经理部对施工过程中产生的废气进行识别,主要包括但不限于施工机械设备排放的废气、施工工艺产生的废气、生活废气等。

4.5.2 废气排放控制措施

废气排放应符合现行国家标准《汽油车污染物排放限值及测量方法(双怠速法及简易工况法)》(GB 18285—2018)和《柴油车污染物排放限值及测量方法(自由加速法及加载减速法)》(GB 3847—2018)。应制定建筑垃圾减量计划及回收利用措施,可按照《工程施工废弃物再生利用技术规范》(GB/T 50743—2012)执行。

1. 机械设备产生的废气

在选择施工机械设备时,应选择尾气排放达标的机械,可采用新能源运输车。环保车辆如图 4.5 – 1 所示,新能源运输车如图 4.5 – 2 所示。

图 4.5 – 1 环保车辆   图 4.5 – 2 新能源运输车

使用柴油、汽油的机动机械(车辆)时,宜使用无铅汽油和优质柴油做燃料,以减少大气污染,并且当机械设备使用柴油时,宜设置尾气吸收罩(见图 4.5 – 3)。

2. 施工工艺产生的废气

施工工艺产生的废气控制措施应当包括使用符合国家标准的无毒或低毒的焊接材料,消除或降低焊接烟尘和有毒气体的危害。爆破时,测定爆破作业面有毒气体的含量。当爆破炸药量增加或更换炸药品种时,应在爆破前后进行有毒气体测定。严禁在施工现场焚烧废旧材料、有毒、有害和有恶臭气味的物质。严禁在施工现场燃烧木材,严禁使用油烟煤作为现场燃料。

图 4.5-3 尾气吸收罩

3. 生活废气

现场宜使用电茶炉或液化石油气炉灶，严禁使用散煤、烟煤、木炭等。食堂宜安装静电油烟净化器，达标排放。

4.5.3 废气监测

施工现场宜配备移动废气测量仪（见图 4.5-4），对易产生废气的机械设备进行定期监测，形成数据台账；根据数据情况，启用相应的废气排放达标措施。对于危险性用气、粉尘和有毒有害作业，相关专业应认真识别与自查，并制定相应技术措施和应急措施。

图 4.5-4 移动废气测量仪

4.6 固体废弃物处理

4.6.1 固体废弃物来源识别

项目经理部需对生产和生活过程中产生的固体废弃物来源进行识别。生产废弃物主要来自施工生产、使用和维修、拆除。施工过程中产生的主要有碎砖、混凝土、砂浆、包装材料等；使用和维修过程中产生的主要有塑料、沥青、橡胶等；拆除中产生的主要有废混凝土、废砖、废瓦、废钢筋、木材、塑料制品等。生活办公废弃物包括食物、烟头、食品袋、办公用纸、报纸、各类印刷品等。固体废弃物分类见表 4.6-1。

表 4.6-1　　　　　　　　　　　固体废弃物分类

项目	可回收废弃物	不可回收废弃物
建筑垃圾	铁丝、铁钉、废扣件、废钢管、废模板、土渣、砖渣、沙子、干沙灰、废安全网、废油桶类、废灭火器罐、废塑料布、废化工材料及其包装物、废玻璃丝布、废铝箔纸、油手套、废聚苯板和聚酯板、废岩棉类等	瓷质墙地砖、纸面石膏板、变质过期的化学稀料、废胶类、废涂料、废化品类等

续表

项目	可回收废弃物	不可回收废弃物
生活办公垃圾	办公废纸、报废电缆线、报废电气设备、塑料包装袋等	食品类、废墨盒、废色带、废计算器、废日光灯、废电池、废复写纸等

4.6.2 固体废弃物控制措施

1. 生产废弃物处理措施

生产废弃物减量化措施要求通过合理下料技术措施，准确下料，减少建筑垃圾。提高施工质量标准，减少建筑垃圾的产生。如提高模板拼缝的质量，避免或减少漏浆。宜采用工厂化生产的建筑构件，减少现场切割。

另外对于施工中的垃圾清理要求：木工加工过程中，电锯、刨料产生的锯末、木屑、木块、配料等，应定期清理，统一堆放在远离现场仓库的堆场。现场钢筋加工厂生产形成的废料应定期清理。各工区设立垃圾堆放区。施工现场宜选择设置可周转式垃圾站（见图 4.6－1）。其构件在工厂加工成形，框架为方钢，挡板和门扇为彩钢板加工，运输至施工现场后可直接组装。垃圾站顶部安装吊环，可根据场地情况灵活吊运布置，待工程完工可运输至其他工程周转使用。

也可建立固定垃圾站或垃圾堆放区。露天堆放的建筑垃圾应及时覆盖，避免雨淋。对建筑垃圾进行分类后，收集到现场封闭式垃圾站，集中运出。固定垃圾站如图 4.6－2 所示。

图 4.6－1　可周转式垃圾站　　　　　图 4.6－2　固定垃圾站

建筑垃圾堆放区至少保证 3 天的建筑垃圾临时贮存能力，建筑垃圾堆放高度不宜超过 3m。建筑垃圾堆放区地坪标高宜高于周围场地 15cm，堆放区四周设置排水沟，满足场地雨水导排要求。

对于废弃物应当设置明显的分类堆放标志（见图 4.6－3）。按有毒、有害废弃物，可回收弃物，不可回收废弃物分类堆放。对有毒有害废弃物单独堆放，设明显标识（见图 4.6－4），应交有处理资质单位进行处理。

图 4.6-3　垃圾分类收集

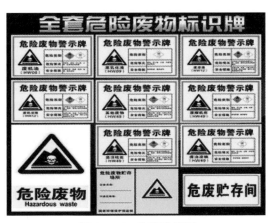
图 4.6-4　有害物标识

建筑垃圾运输单位应经当地建筑垃圾管理部门核准，并满足如下要求：

1）运输车辆有合法有效的机动车行驶证。

2）运输单位具有当地主管部门颁发的准运证或营运证。

3）具有建筑垃圾经营性运输服务资质。

4）运输单位将建筑垃圾倾倒在核准的处理地点后，应取得受纳场地管理单位签发的回执，交送当地建筑垃圾主管部门查验。

5）采用封闭式环保车并结合相关标准运送到政府批准的消纳场所进行处理、消纳。废弃物的运输确保不散撒、不混放。自动平推式帆布顶盖全密闭装置如图 4.6-5 所示。

图 4.6-5　自动平推式帆布顶盖全密闭装置

2. 生活废弃物处理措施

应在生活区设置分类垃圾桶，分装废纸张和纸制品、塑料制品、金属类、其他类等，并定期清理。收集箱收集的废弃物分类见表 4.6-2。

表 4.6－2 　　　　　　　　　　　　收集箱收集的废弃物

序号	收集分类	主要收集内容
1	生活垃圾箱	废弃食物、烟头、茶叶、食品袋、清扫卫生垃圾、落叶
2	废纸收集箱	办公用纸、报纸、各类印刷品
3	含油废弃物收集箱	废油手套、油抹布、油棉纱
4	泔水收集箱	泔水
5	需特殊废弃物收集箱	废日光灯管、废电池、废蓄电池、废放射源

现场办公用品应制订节约计划，并严格执行，减少纸张和油墨的使用，尽量应采用无纸化办公系统。非存档文件纸张采用双面打印或复印。办公室对废旧日光灯管和废旧干电池采取以旧换新管理，回收后统一存放。废电池、废墨盒等有毒有害的废弃物封闭回收，不得与其他废弃物混放（见图 4.6－6 和图 4.6－7）。

图 4.6－6　废旧墨盒回收箱

图 4.6－7　废旧电池回收箱

3. 固体废弃物专项控制措施

（1）室内建筑垃圾垂直清理通道技术。

室内建筑垃圾垂直清理通道主要适用于高层及超高层的垃圾清理。垃圾通道采用 3mm 厚铁板加工制造成 ϕ300mm 的圆管，每条圆管长 2m，用法兰扣件拼接。每一层用 10 号工字钢与圆管焊接在一起，架在进口四周梁板上，形成一个上下贯通的通道，使各层形成一个连续的垂直使用通道，再在每层设置一个和整个通道相连接的入口，用来作为各层的垃圾倒运入口，通过通道将建筑垃圾直接清倒至地下室垃圾堆放处。每两层设置一个凸型缓冲带，减缓高空落物的冲击。室内建筑垃圾垂直清理通道如图 4.6－8～图 4.6－11 所示。

室内建筑垃圾垂直清理通道，使各层垃圾快捷清理至首层固定位置，垃圾通过垂直通道可以抑制粉尘的扩张。在垃圾清理时，其他楼层的垃圾入口必须做好封闭，防止其他楼层产生扬尘。

图 4.6-8　固定架立

图 4.6-9　工字钢架支撑

图 4.6-10　缓冲带图

图 4.6-11　垃圾垂直通道

（2）泵管润洗废料处理技术。

在高层建筑混凝土施工过程中，对于浇筑前润管砂浆和浇筑后洗管废料的处理，传统的做法是将其从外架或楼层洞口直接向下排放。这种做法废料散落面积大，影响施工现场整洁卫生，同时废料清理难度大。为有效解决上述问题，采用泵管润洗废料处理技术，使用塑料波纹管进行废料的有序排放，能有效控制混凝土夹砂等缺陷的产生，避免了外架安全网被污染，降低了清理混凝土废料的难度，使施工现场保持干净整洁。

合理选择沉淀池位置。根据各个栋号楼层的建筑施工图，选出沉淀池的位置（一般选采光井、厨卫烟道附近），然后确定其排水沟的路径，让润管砂浆、废料能顺畅地流出。沉淀池砌筑在楼层底部，尺寸可为 2m×2m×0.8m，再采用砖砌排水沟引流至集水井，其砖砌排水沟内槽为 400mm×200mm（宽×高）。

逐层连接塑料波纹管。随着楼层的逐层升高，利用厨卫烟道、采光井等洞口或在楼板面固定位置预留 0.4m×0.4m 的洞口，在混凝土浇筑前，事先将直径 300mm、管长 6m 的塑料波纹管接至楼板面，让混凝土浇筑前的润管砂浆和混凝土浇筑后的洗管废料，由施工操作层从楼层的波纹管口处引导至集水井。泵管润洗废料处理技术如图 4.6-12、图 4.6-13所示。

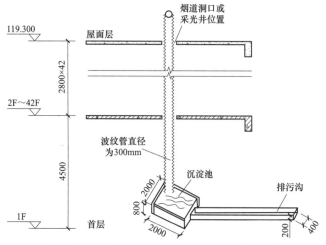

图 4.6-12 泵管润洗废料处理技术示意图

图 4.6-13 泵管润洗废料处理技术

（3）CK 智能化底泥处理一体化设备（见图 4.6-14）。该设备需配合两栖清淤船共同使用，可以 24h 连续工作。污泥吸入量最大可达 130m³/h，污泥经过预分离罐中的滚筒筛和

图 4.6-14 CK 底泥处理设备

沉砂池，每小时可筛分出 1～3m³/h 的垃圾和 1～3m³/h 的砂子。经过筛分的污泥进入絮凝池中，加入絮凝剂进行絮凝反应，达到排污标准的上清液可直接排回河道。经过絮凝的污泥进入带式压滤机中进行压滤脱水，得到干泥饼，干泥饼的含泥率可达 50%～65%。如此既可以实现市政污泥的快速处理，又可以减少污染物处理造成的二次污染。该设备适用于城市河道底泥与市政污泥处理领域。

4.6.3　固体废弃物监测

施工现场宜建立地磅系统，对外运垃圾进行称重。地磅系统如图 4.6－15 和图 4.6－16所示。项目部需对产生的固体废弃物进行定期监测，形成数据台账；根据数据情况，制定相应的处理措施。

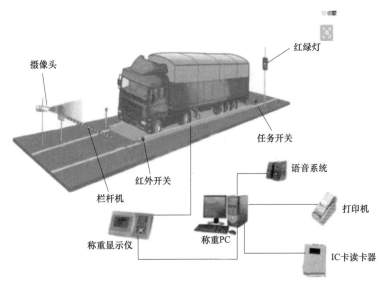

图 4.6－15　地磅系统

图 4.6－16　地磅系统现场图

4.7 液体材料污染控制

4.7.1 液体污染源识别

项目经理部结合实际工程对液体污染源进行识别,主要包括但不限于以下污染源:油料、油漆、涂料、稀料等化学溶剂。

4.7.2 液体材料污染控制

施工现场存放的油料和化学溶剂等物品应设专门库房,地面应做防渗漏处理。废弃的油料和化学溶剂应集中处理,不得随意倾倒。易挥发、易污染的液态材料应使用密闭容器储存,并对使用过程进行管控。

1. 液体材料存储措施

应设置存放液体材料的专用库房,分类分区进行存放管理。液体材料储存如图4.7-1和图4.7-2所示。对现场存放液体材料的库房地面和墙面进行防渗漏特殊处理,应有隔水层设计,并做好渗漏液收集和处理,防止跑、冒、滴、漏污染水体及地面。液体材料的储存地,储存、使用和保管要专人负责。施工现场液体材料存放地配置醒目警示标志。有毒物品存放标志如图4.7-3所示,封闭储油罐如图4.7-4所示。

图4.7-1 液体材料存储库房

图4.7-2 封闭油漆库图

2. 液体材料使用过程中污染控制措施

(1)在设备维护和使用过程中,液体材料污染防治措施如下:机械设备定期进行检查和维修,避免漏油。机械用油及润滑油采用检验合格的油料,相关指标符合环保要求。在设备修理车间进行防渗处理。给施工机械设备润滑时,为防止润滑油遗洒,机械设备的修理应在规定的修理地点或车间进行。在施工机械底部放置接油盘,设备检修及使用中产生的油污,集中汇入接油盘中,避免直接渗入土壤(见图4.7-5)。接油盘定期清理,清理时油污液面不得超过接油盘高度 1/2，防止油污溢出。

图 4.7-3　有毒物品存放标志

图 4.7-4　封闭储油罐

图 4.7-5　接油盘

　　油泵和千斤顶所用工作油的灌入应使用专用的油瓶，防止油遗撒；过滤完的油渣放入指定的容器内，交有资质单位回收处理；操作宜在硬化的场地上进行，油泵下设置接油盘。外接油管与油泵的接头宜采用自封式快装接头，以免拆下的接头漏油造成污染。

　　现场清洗设备的废油和其他清洗剂污水不得直接倒入下水道，应按有关规定经特殊处理后达标排放，不能处理的要装入容器内妥善保存。

　　（2）在模板、木材、钢材涂刷时，液体材料污染防治措施如下：

　　木制模板选用中性水性脱模剂，严禁选用废机油作为脱模剂。在进行模板脱模剂涂刷时，模板堆放场地宜铺垫彩条布、塑料布等材料，避免在脱模剂涂刷过程中，脱模剂流淌或遗撒，对土壤造成影响。对模板使用的脱模剂，剩余材料及包装桶由厂家回收处理，禁止与普通垃圾混放，污染环境。

　　木材、钢材在涂刷防腐剂时，宜在硬化地面的场所进行，防止药剂直接渗入地面。防腐剂要在初凝时间前用完，防止浪费。

　　胶黏剂具有弱碱或弱酸性，对地面土壤有影响。涂刷时，操作人员应戴防护手套，涂刷用的地面宜硬化。

4.8 临近设施、地下设施和文物保护

4.8.1 临近设施

若施工区域内有电线杆、电力铁塔，进行土方作业时，在离电线杆、电力铁塔 10m 范围内，应禁止机械作业，宜采用人工挖土作业。打桩施工期间，应安排专人对邻近的建筑物进行监测，对周围建筑物造成影响时，应采取减振措施。

4.8.2 地下设施保护措施

城市地下市政管线主要有煤气管、上水管、雨水管、污水管、电力电缆、通信电缆、（光缆）等，根据其材性和接头构造可分为刚性管道和柔性管道两类。城市地下市政管线是监测的重点。

施工前应调查清楚地下各种设施，做好保护计划。应保护好煤气管、上水管、雨水管、污水管、电力电缆、通信电缆（光缆）等地下管线、建筑物、构筑物的标识（标志），防止遭到破坏。地下管线立桩警示如图 4.8-1 所示，地下电缆（光缆）警示标志如图 4.8-2 所示。

图 4.8-1 地下管线立桩警示　　　　图 4.8-2 地下电缆（光缆）警示标志

土方开挖前，应熟悉地质、勘察资料，会审图纸，了解地下构筑物、基础平面与周围地下设施管线的关系，防止破坏管网。应向施工作业人员进行技术交底，施工现场应设专人监督观测。

施工区域内有地下管线或电缆时，在距埋设管线、电缆土层 30cm 时，应采用人工挖土，并按施工方案对地下管线、电缆采取保护或加固措施。基坑挖土施工时，应对周围地下管线的沉降和位移进行监测。

4.8.3 文物保护措施

施工前应制定地下文物保护应急预案，对施工现场的古迹、文物、墓穴、树木、森林

及生态环境等采取有效保护措施。施工现场发现文物古迹、古树及地下文物应及时上报文物部门，并协助做好保护措施（见图 4.8－3）。施工区域内，有国家保护树种，不宜移植时，建议设计部门修改设计，防止损坏。在文物保护区域内进行土方作业时，应按文物管理部门的要求进行施工作业。

图 4.8－3　古树木保护

第5章

节材与材料资源利用措施及实施重点

　　绿色施工节材与材料资源利用应当根据就地取材的原则，优先选用绿色、环保、可回收、可周转材料。加强现场材料管理。建立健全限额领料、节材管理等制度，工程应编制材料计划，合理使用材料。通过工艺和施工技术创新，优化使用方案，减少材料损耗，提倡再生利用。施工期间充分利用场地及周围现有给水、排水、供暖、供电、燃气、电信等市政管线工程。本章从材料选用、现场材料管理、节材措施及方法、材料再生利用等方面进行介绍。

5.1 材 料 选 用

5.1.1 工程材料

　　购入的工程材料应符合设计要求，并满足现行国家绿色建材标准。在技术经济合理条件下，选用满足设计要求和节能降耗的建筑材料，推广使用节能或环保型建材产品。根据施工组织设计或施工方案，采购满足工艺和性能要求的材料，宜优先采购定制化生产的材料。建筑工程使用的材料宜就地取材，减少材料运输造成的能源消耗和环境影响。坚持材料的回收利用与审慎利用相结合的原则，对可再生利用的材料考虑其再生利用，对废弃后难以再利用和降解的材料应审慎利用，以防产生新的环境污染。

5.1.2 周转材料

　　选用耐用、维护与拆卸方便的可周转材料和机具。周转材料应定期进行维护，延长周转材料使用寿命。采用工具式模板和新型材料模板，推广使用爬升模板、顶升模板和定型钢模板、铝模板、胶合板模板、竹胶板模板、塑料模板等。施工前宜对模板工程的方案进行优化，推广使用可重复利用的模板体系。模板支撑宜采用门式、承插式、盘销式、工具式模板支撑体系。

5.1.3 临时设施

　　现场临时设施所使用的材料优先使用可重复利用的材料。现场临时设施应充分利用当地材料和旧料，宜采用移动式、容易拆装、可以多次重复使用的结构。宜利用施工现场或附近的现有设施（包括要拆迁但可以暂时利用的建筑物）。在同一地域有多个施工项目宜建立固定的基地，以免反复修建现场临时设施。

5.2　现场材料管理

5.2.1　材料管理制度与计划

项目经理部制定材料管理制度，和详细的节约材料技术措施及管理措施；编制材料计划。根据施工进度、库存情况等合理安排材料的采购、进场时间和批次，减少库存。

5.2.2　材料装卸和运输

科学规划材料场及运输路线，减少二次搬运造成能源消耗和材料损坏损失。车辆运输材料时，材料不应超出车厢侧板，防止碰撞导致材料损坏，对环境造成污染。工程粒料运输车辆应采用密闭的箱斗，防止沿途撒漏。人工搬运材料时，注意轻拿轻放，严禁抛扔。

5.2.3　材料进场验收

接到材料进场通知后，应提前做好场地规划，做好相应准备工作。材料进场后，按计划单核对材料的规格、数量，索取产品合格证、说明书、质保书或试验报告等技术资料，并对材料进行质量检查。

5.2.4　材料存储

根据材料的物理性能、化学特性、物体形状、外形尺寸等，选择适宜的储存方法。各种材料应分类堆放和标识。材料堆放场地应有排水措施，符合安全、防火的要求（见图 5.2-1、图 5.2-2）。

图 5.2-1　钢材堆放

图 5.2-2 木材堆放

5.2.5 材料出库

主要材料限额领料，填写《限额领料单》。发料时按《限额领料单》控制发料。出库材料做好台账，保管好各种原始凭证。

5.3 节材措施及方法

5.3.1 工程材料

1. 钢筋、钢材节材措施及方法

（1）封闭箍筋闪光对焊。

封闭箍筋在遵守"强柱、弱梁、强核心区"原则，满足建筑承载力、刚度、延性及耗能等性能要求的同时，能有效解决柱梁绑扎时由于箍筋弯钩造成的绑扎和混凝土浇筑困难及梁柱主筋不到位的问题。箍筋闪光对焊作为一项新工艺，能有效节约人、材、机等资源，降低工程施工难度，提高施工效率，提高主体结构施工质量及安全使用功能。

1）箍筋闪光焊优点。

① 现场工人绑扎速度比传统带弯钩箍筋快 50%。

② 柱角处弯钩密集减少了内部间隙，混凝土浇筑时柱角、梁边混凝土更密实，避免出现角部漏筋问题。

③ 现场绑扎钢筋观感质量好。

2）适用范围。箍筋闪光对焊除层高小于或等于 5m 的柱箍筋或箍筋直径大于 $\phi14$ 的箍筋外，其余竖向、水平向箍筋均可采用箍筋闪光对焊技术。箍筋闪光对焊技术及成品如图 5.3-1 和图 5.3-2 所示。

（2）新型数控钢筋加工。

目前国内建筑工程的钢筋加工工艺方法较为落后，主要以人工手动操作为主，自动化水平不高，生产效率低下制件的质量较差，且劳动强度大。采用新型数控钢筋加工技术可提高劳动生产率，减少占地面积，降低人工费用、能源消耗，减轻操作者的劳动强度。

图 5.3-1　箍筋闪光对焊技术

图 5.3-2　箍筋闪光对焊成品

　　钢筋专业化加工主要由经过专门设计、配置的钢筋数控专用加工机械完成。主要有钢筋调直切断机、钢筋剪切机、钢筋乱尺调制分选剪切机、钢筋弯曲机、钢筋弯箍机、钢筋套丝机、钢筋连接接头加工机械及其他辅助设备（见图 5.3-3～图 5.3-11）。新型数控钢筋加工技术适用较大及以上工程推广使用。

图 5.3-3　数控钢筋调直切断机

图 5.3-4　数控钢筋剪切机

图 5.3-5　数控钢筋乱尺调制分选剪切机

图 5.3-6　数控立式钢筋弯曲机

图 5.3-7 数控多功能钢筋弯箍机

图 5.3-8 数控钢筋套丝机

图 5.3-9 数控钢筋加工设备

图 5.3-10 数控弯曲机

图 5.3-11 数控箍筋机

（3）高强钢筋应用。

高强钢筋是指抗拉屈服强度达到 400MPa 及以上的螺纹钢筋，具有强度高、综合性能优的特点。用高强钢筋替代目前大量使用的 335MPa 级螺纹钢筋，可节约钢材 12%以上。

HRB400 钢筋作为高强钢筋已被列入重点推广应用的建筑业 10 项新技术之一。推广应用 HRB400 等高强钢筋，对提高钢筋混凝土结构安全储备等具有十分重要的意义。

高强钢筋作为节材节能环保产品，强度高、韧性好、易焊接、性能稳定，可以提高混凝土结构的抗震性能，增加建筑物安全度，对高层建筑和有抗震要求的工程尤其显著。同等技术条件下，HRB400 钢筋比 HRB335 钢筋用量少，配筋密度小，有利于混凝土浇筑，可减少运输量、场地占用量以及施工工作量，节省了物质资源的消耗，且无毒，无污染，可以 100%回收循环使用。HRB400 钢筋存放与应用如图 5.3 – 12 所示。

图 5.3 – 12　HRB400 级钢筋存放与应用

（4）混凝土现浇结构可周转钢筋马凳应用技术。

为了保证板筋中上排钢筋的位置，上排钢筋绑扎过程中需要放置钢筋马凳。采用可周转钢筋马凳，应在混凝土初凝前取出，可以有效控制板上排钢筋的保护层厚度，减少钢材使用，节约施工成本。

1）可周转钢筋马凳设计。

① 可周转钢筋马凳组件：支杆、钩筋、U 形支架、V 形手提环。可用圆钢 $\phi 14$ 制作，支杆长度 1m，钩筋长度 150mm，含末端做 30mm 的 90°弯头，U 形支架宽度为 150mm。V 形手提环也可选用现场小规格废钢筋制作。

② 连接组件：钢套管。选用外径 20mm、内径 16mm 的钢套管制作，套管长度 30mm。

③ 连接方式：将挂钩与钢套管焊接，然后将两焊好的钢套管套于支杆上，之后将在支杆与 U 形支架焊接。支杆焊接在两个 U 形支架中间部位，支杆两端外伸 U 形支架 150～200mm，完成后在距离支杆与 U 形支架焊点 50mm 处焊接 V 形手提环，并将钢套管置于 V 形手提环两焊点之间，制作完成。可周转钢筋马凳如图 5.3 – 13 所示。

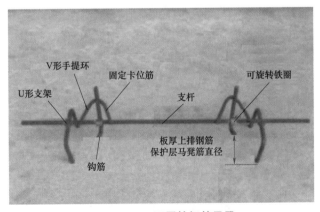

图 5.3 – 13　可周转钢筋马凳

④ 可周转钢筋马凳钩筋距板底部的高度：H＝（混凝土板厚度）－（板上排钢筋）－（钩

筋直径）。

⑤ 支杆高度为：H_1=（混凝土板厚度）+20mm，由支杆高度和直径可确定 U 形支架高度。

⑥ 可周转钢筋马凳各节点均采用焊接，钢套管与支杆连接后可以自由转动。

2）可周转钢筋马凳的使用。

① 根据混凝土板设计厚度计算可周转钢筋马凳的制作高度，按照可周转钢筋马凳的制作高度、混凝土板的面积、施工流水段划分等确定制作马凳的数量。

② 可周转钢筋马凳使用后应在混凝土浇筑初凝前取出，用抹子将 U 形支撑的圆孔填实抹压。不可等混凝土终凝后再取出马凳，避免无法取出和破坏混凝土结构。

③ 可周转钢筋马凳取出后需要清理附着的混凝土浮渣。

（5）塑料马凳应用。

为提高建设工程钢筋施工质量，确保工程质量，在混凝土板钢筋施工中采用一种塑料马凳代替传统钢筋马凳，既保证板筋的位置准确，又节约了材料、降低了成本。

1）塑料马凳的优点：

① 强度高，刚度好，能够承担板钢筋荷载和施工荷载。

② 解决板双层钢筋之间的有限距离，确保了主筋的位置准确。

③ 避免了钢筋混凝土在振动平移中钢筋移位。

④ 施工操作方便，如施工过程马凳损坏可以及时更换，确保钢筋绑扎的质量。

⑤ 根据板的厚度使用各种高度型号的马凳，能严格控制钢筋混凝土保护层厚度。

⑥ 节约钢材。

2）塑料马凳的型号。包括 $H50\sim60$mm、$H60\sim70$mm、$H70\sim80$mm、$H80\sim90$mm、$H90\sim100$mm、$H100\sim110$mm、$H110\sim120$mm、$H120\sim130$mm、$H130\sim140$mm、$H140\sim150$mm。每种型号的马凳不同方向有两个有效支撑高度，布置间距一般为 $500\sim1000$mm，可梅花形布置。

3）适用范围。适用于厚 200mm 以下各种混凝土板的钢筋支撑定位。

塑料马凳和钢筋马凳如图 5.3-14 和图 5.3-15 所示。

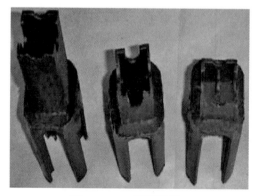

图 5.3-14　塑料马凳

图 5.3-15　钢筋马凳

（6）可重复使用悬挑脚手架预埋环应用。

悬挑脚手架预埋环是指在高层建筑施工中，在用于固定悬挑架型钢的钢筋外侧的混凝土板内预埋 PVC 塑料管，使钢筋可以重复使用。采用可重复使用预埋环可减少钢材使用量，可循环利用，使用寿命长，施工操作方便，工作效率高。可重复使用悬挑脚手架预埋环适用于高层建筑悬挑脚手架（见图 5.3－16～图 5.3－18）。

具体做法如下：

1）材料准备：20mmHPB235 级钢筋，下料长度 400mm（根据现场实际板厚进行调整），150mm×70mm×10mm 钢板片（厂家加工好，根据工字钢大小留置好 2 个圆洞）。25mmPVC 塑料管，螺母，丝头加工机。

2）预埋件加工：先进行钢筋丝头加工，丝头应饱满，符合规范要求，长度为 100mm。加工好后进行焊接施工，焊接完成后进行拉拔试验。

图 5.3－16　可重复使用悬挑脚手架预埋环应用

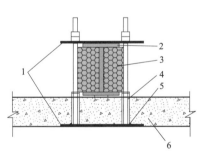

图 5.3－17　可重复使用悬挑脚手架预埋环构造
1—钢板长 150mm×宽 70mm×厚 10mm；2—工字钢；3—木楔侧向横紧；
　4—PVC 塑料套管；5—钢筋与钢板室孔焊连接；6—结构板

图 5.3－18　悬挑架安装完成

2. 混凝土、砂浆、砌体节材措施及方法

（1）混凝土材料选用。

1）使用轻骨料混凝土。轻骨料混凝土是利用轻质骨料制成的混凝土，与普通混凝土相比，具有自重轻，保温隔热性、抗火性、隔声性好等优点。轻骨料混凝土应用如图 5.3－19 和图 5.3－20 所示。

图 5.3-19　轻骨料混凝土保温板　　　　　　图 5.3-20　轻骨料混凝土

2）使用高强度、高性能混凝土，包括 C60 及以上的高强度混凝土、自密实混凝土等。该类混凝土材料密实、坚硬，耐久性、抗渗性、抗冻性好，且使用高效减水剂等配制的高强度混凝土还具有坍落度大和早强的性能，施工中可早期拆模，加速模板周转，提高施工速度。高强度、高性能混凝土应用如图 5.3-21 和图 5.3-22 所示。

图 5.3-21　自密实钢管混凝土　　　　　　图 5.3-22　C70 混凝土施工

（2）混凝土施工工艺节材应用。

1）使用预拌砂浆和预拌混凝土（见图 5.3-23 和图 5.3-24）。预拌砂浆和预拌混凝土集中搅拌，比现场搅拌可节约水泥 10%，比现场散堆放、倒放等造成砂石损失减少 5%～7%。

图 5.3-23　预拌砂浆设施　　　　　　图 5.3-24　预拌混凝土设施

2）应用清水混凝土节材技术。清水混凝土不需要其他外装饰，可省去涂料、饰面等化工产品的使用，既减少了建筑垃圾，又有利于保护环境。清水混凝土还可避免抹灰开裂、空鼓或脱落等隐患，同时又能减少结构施工漏浆、楼板裂缝等缺陷。清水混凝土应用如图 5.3－25 和图 5.3－26 所示。

图 5.3－25　清水混凝土柱　　　　　　　图 5.3－26　清水混凝土装饰板

3）应用预应力混凝土结构技术。应用预应力混凝土结构技术可节约混凝土约 1/3、钢材约 1/4，也从某种程度上减轻了结构自重（见图 5.3－27～图 5.3－30）。

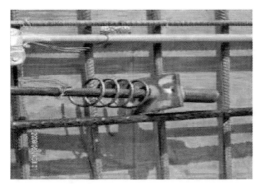

图 5.3－27　无黏结预应力　　　　　　　图 5.3－28　缓黏结预应力

图 5.3－29　预应力梁　　　　　　　　　图 5.3－30　预应力箱梁

4）采用现浇无黏结预应力钢筋水池（见图 5.3－31）。

图 5.3－31　现浇无黏结预应力钢筋水池

（3）预制装配式混凝土结构技术应用。

预制装配式混凝土结构技术是指采用工业化生产方式，将工厂生产的主体构配件（梁、板、柱、墙以及楼梯、叠合板、预应力水池等）运到现场，使用起重机械将构配件吊装到设计指定的位置，再用预留插筋孔压力注浆或键槽后浇混凝土或后浇叠合层混凝土等方式将构配件及节点连成整体的施工方法。

预制装配式混凝土结构技术具有建造速度快、质量易于控制、构件外观质量好、节省材料等诸多优点。

预制装配式混凝土成品构件施工完毕后，可直接运输到施工现场，避免了环境污染。预制装配式混凝土成品构件如图 5.3－32～图 5.3－41 所示。

图 5.3－32　预制混凝土叠合梁

图 5.3－33　预制混凝土叠合板

图 5.3－34　预制混凝土外包柱

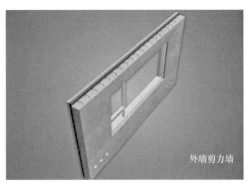

图 5.3－35　预制外墙板

图 5.3－36　预制混凝土楼梯

图 5.3－37　预制混凝土叠合板

图 5.3－38　外墙 T 形连接

图 5.3－39　密肋楼盖

图 5.3－40　组装过程

图 5.3－41　装配式预应力水池

（4）大面积地坪激光整平机应用。

采用激光整平技术可提高混凝土的密度、表面耐磨不易损坏，降低混凝土损耗量，提高地坪、楼面的使用寿命，减少地面的后期维护费用。适合干硬性混凝土、钢纤维混凝土及大骨料混凝土作业。

适用范围如下：

1）要求高度清洁、美观、无尘、无菌及防静电的电子、微电子、通信产品、计算机生产行业、大型精密仪器厂房地坪。

2）要求具有耐磨、抗重压、抗冲击、防化学药品腐蚀的仓库、车间、车库地面。适用于有高平整度要求的大面积厂房、仓库、物流中心等建筑地面。

激光整平机依靠液压驱动的整平头，配合激光系统和计算机控制系统在自动找平的同时完成整平工作，计算机控制系统实时自动调整标高。激光整平机整平头配备有一体化设计的刮板、振动器和整平梁，将整平与振捣作业集于一身，并一次性完成，可大幅提高混凝土的均匀性、密实性，增强混凝土表面硬度。激光整平机原理如图 5.3－42 所示，激光整平机作业如图 5.3－43 所示。

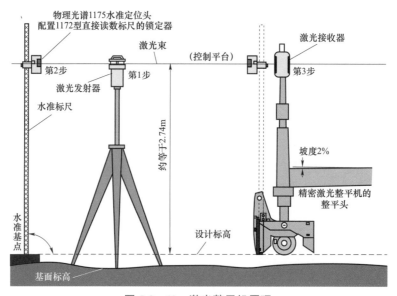

图 5.3－42　激光整平机原理

图 5.3 - 43　激光整平机作业

（5）现浇式无机保温浆料技术应用。

现浇式无机保温浆料施工技术采用轻钢复合龙骨构造，龙骨与梁柱、地面为机械连接，龙骨表面为防水纸面石膏板，石膏板表面采用玻璃纤维网布增强，芯材为无机保温浆料。适用于建筑室内隔墙。龙骨施工如图 5.4.1 - 44 所示，保温浆料施工如图 5.3 - 45 所示。

无机保温浆料墙体防火等级为 A 级，耐火极限达到 3h 以上，防火性能好；墙体整体性好，抗震性能优异。该墙体为复合构造，隔声好，空气隔声量可达到 50dB 以上。采用泵送，可加快施工进度，规避工期风险。

图 5.3 - 44　龙骨施工

图 5.3 - 45　保温浆料施工

（6）新型石膏砂浆应用。

新型石膏砂浆可代替水泥砂浆作为墙体抹灰的材料。石膏砂浆采用水石膏为基材，由高分子聚合物为胶凝材料以及无机填料混合而成，是一种新型改良内墙粉刷材料。新型石膏砂浆改变了以水泥基为胶凝材料的传统习惯，与各种基底墙都有极佳相容性和黏附力。

新型石膏砂浆加水搅拌即可，且黏结性好、质轻，施工性能好，不开裂不空鼓。同样面积下，轻质石膏砂浆比水泥砂浆用量少 1/2，落地灰少。施工时，石膏砂浆干燥时间短，不用洒水养护，节省工期。新型石膏砂浆适用于混凝土剪力墙、加气砌块、黏土砖等基体的外墙内侧。新型石膏砂浆成品如图 5.3-46 所示。

图 5.3-46　新型石膏砂浆成品图

（7）砌块集中定制加工技术。

砌块集中定制加工技术是指对砌筑材料集中加工配运，减少材料浪费，避免传统机电管线、穿墙管道等在砌体上开槽、开洞产生施工垃圾，提高了施工现场精细化管理水平。

砌块集中定制加工技术通过绘制砌体砌筑排砖图，对顶砌斜砖、墙体管线包管配砖等非标砌块集中定制加工；同时可按照机电管线、线盒、电箱大小结合砌块砖的标准尺寸做成预制砖，并按编号运送至该施工部位。砌块集中定制加工如图 5.3-47～图 5.3-54 所示。

图 5.3-47　环保切砖机　　　　　　　　　图 5.3-48　顶砌斜砖加工

图 5.3 - 49 加气块切割机

图 5.3 - 50 预制块加工机

图 5.3 - 51 墙体管线包管配砖

图 5.3 - 52 包管配砖施工

图 5.3 - 53 穿墙套管预制套管技术

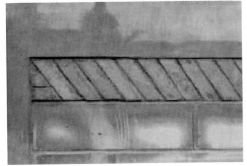

图 5.3 - 54 顶砌斜砖施工

（8）GRC 板代砖胎模应用技术。

GRC 板代砖胎模技术可省去砖胎膜大量的搬运、砌筑、抹灰等工作，缩短工期及减少劳动力的投入，解决了侧壁水泥砂浆做防水保护层易脱落的弊端，节省了细石混凝土保护层养护时间。GRC 水泥板采用硫铝酸盐水泥制成，内掺占水泥重量 25%的木质纤维，双面加耐碱玻璃玻纤网增强，具有良好的可加工性，较高的强度、韧性、不透水性及抗冻性。

在基础结构施工中，GRC 水泥板可作为不可拆除的基础模板及保护层材料。GRC 水泥板代替砖胎膜适用于高度≤1500mm 的桩基础的承台、地梁、基础梁的侧模。模板高度小于 900mm 时，水泥板厚度取 25mm；模板高度大于 900mm 时，厚度取 30mm。GRC 水泥板在基础工程做防水保护层，厚度取 12mm。

1）水泥板以木方作为临时固定支撑，用铁钉连接固定，再用铁丝与土内木桩拉紧，浇筑混凝土垫层时，将铁丝浇筑在内，提高水泥板与垫层混凝土之间的整体连接性；当其形成整体后可拆除卡固在水泥板上端、带有双面"L"形坡口的木方支撑，通过土侧压力抵消混凝土浇筑时产生的侧压力，达到保证混凝土成形目的。

2）作为防水保护层时，水泥板直接铺设于防水层上，垂直面与水平面交接处的板材可用整板弯折，利用板内玻纤布连接折角。GRC 板代砖胎模应用如图 5.3－55～图 5－62 所示。

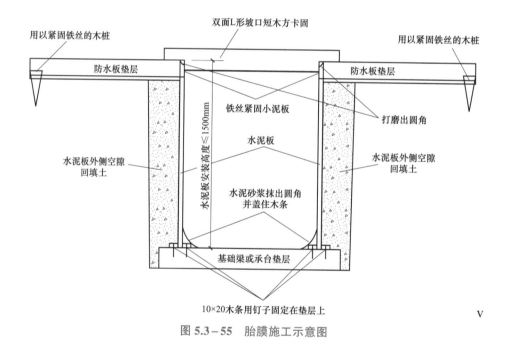

图 5.3－55　胎膜施工示意图

图 5.3－56　GRC 板安装

图 5.3-57　承台 GRC 板加固

图 5.3-58　基础梁 GRC 板加固

图 5.3-59　阴阳角处理

图 5.3-60　防水施工

图 5.3-61　胎模施工效果图

图 5.3-62　底板保护层施工效果图

（9）大孔轻骨料砌块免抹灰技术。

大孔轻骨料砌块是利用废弃的粉煤灰、炉渣、浮石等工业废弃物作为原料，以水泥为胶凝材料，经高压振捣蒸养构成的砌块。其改善了砌块本身的技术性能和砌筑质量，同时减少了资源和能源的消耗。墙面用 3～5mm 厚粉刷石膏抹平即可，无须抹灰。

大孔轻骨料砌块是一种轻质、高强、抗裂、耐久、黏砌快捷的节能环保型产品，产品具有材质紧密、壁薄孔大、表面平整的特点，墙体组合采用黏结砌筑工艺，收缩变形小，整体牢固。

大孔轻骨料砌块免抹灰技术具有施工速度快、质量可靠、综合费用低等优点。

大孔轻骨料砌块抹灰技术适用于抗震设防烈度为 8 度及以下地区的各种工业及民用建

筑。大孔轻骨料砌块实体砌筑如图 5.3 - 63 所示。

图 5.3 - 63　实体砌筑效果图

（10）非承重烧结页岩保温砖应用。

非承重烧结页岩空心砖是以页岩、煤矸石和工业粉煤灰为主要原料，改变了采用泥土烧结砖的传统技术，既节约土地，又将工业废弃物很好地利用。此种材料容重较轻，减少结构承重荷载，可节省结构钢筋等材料。

非承重烧结页岩保温砖是在非承重烧结页岩空心砖的孔洞内填充高效保温材料，形成墙体自保温体系，有效克服了保温墙体的防火及耐久性差的难题。

采用非承重烧结页岩保温砖的墙体，不需要节能保温施工，解决了传统外墙保温系统施工过程中塑料泡沫板污染的问题，可节约工期，提高保温施工质量和节能效果。非承重烧结页岩保温砖应用如图 5.3 - 64 和图 5.3 - 65 所示。

图 5.3 - 64　非承重烧结页岩空心砖　　　　图 5.3 - 65　非承重烧结页岩保温砖

（11）加气混凝土砌块墙体薄层灰缝砌筑应用。

利用蒸压轻质加气混凝土砌块尺寸误差小等特点，选用干粉黏结剂作砌体黏合，并使用 1mm 厚镀锌铁板制成的专用角钢，用射钉枪及膨胀栓使填充墙与柱、墙顶梁、构造柱拉接，使传统灰缝减小至 2～3mm；超过 4m 高墙体在砌块顶面切出"V"形槽，在墙中设水平配筋带作墙体加强设置，取消传统圈梁设置。

加气混凝土砌块墙面平整度好，可不用抹灰，仅需腻子批涂，能有效解决传统砌体施工较常出现的灰缝开裂、抹灰层空鼓开裂、渗漏、隔声效果差等问题。加气混凝土砌块墙应用如图 5.3 - 66～图 5.3 - 69 所示。

图 5.3 - 66　黏合剂

图 5.3 - 67　施工成品

图 5.3 - 68　砌筑

图 5.3 - 69　"L"形连接件

3. 沥青节材技术及方法

沥青在加热过程中会排出有毒气体，温度越高排出的越多，加热温度降低就可以减少有毒气体的排放，有利于人体健康和保护环境。沥青温度过高会加速老化，影响路面性能，拌和温度和施工温度降低会减少沥青路面的施工老化，提高路面性能。

通常采用温拌沥青路面施工技术来节材。温拌沥青通过向沥青中加入温拌剂，使之发泡，增大沥青的体积，从而使之获得很好的和易性，降低拌和温度。一般来说，温拌沥青可以降低拌和温度 20～30℃。拌和温度降低，骨料、沥青的加热温度也随着降低，可降低能耗 30%左右。

4. 水电节材技术

（1）管道工厂化预制技术。

管道工厂化预制技术是通过现场测量、深化设计、绘制预制加工图、控制预制工艺、管道预制、装配预制组合件、组合件编号等一系列的工艺，完成管道工厂化预制。

管道工厂化预制技术可通过管道的综合排布及管道的安全、功能、规范等要求对管井管道设计出合理的综合支架，流水化作业，可按统一标准加工制作，且可统一排料，减少管道材料在施工现场的损耗，节省材料。

管道工厂化预制技术可通过管井管道综合排布产生合理的施工程序，减少管道交叉翻弯；可随主体结构施工穿插作业，可将预制好的管段及组合件运至现场安装，且可减少高空作业及高空作业辅助设施的架设，缩短施工周期，保证施工质量和安全。

管道工厂化预制技术可以减少主体工程的光污染、噪声污染和粉尘污染。管道工厂化预制车间如图 5.3 - 70 所示。

图 5.3 - 70　管道工厂化预制车间

（2）负压吸附式管线穿装技术应用。

工业与民用建筑、电气设备安装的管线穿装常采用钢丝引线穿引的方法，管路中若设有两三个弯道之后，往往中间受阻，降低施工效率。

利用负压吸附式管线穿装的技术，在所穿的线缆进线端部设置柔性物质做引线，在线缆所需的出口端用负压引风吸附柔性物质。在柔性物质负压引风的吸附下柔性物质端部被吸附出，引线穿装完成后，进线端的柔性物质与线缆相连接，用人工在出口端抽拉柔性物质，将线缆拉出，从而完成管线的穿装。负压吸附式管线穿装技术无须预穿钢丝，节约材料。

负压吸附式管线穿装技术适用于工业与民用建筑、电气设备安装的管线穿装。负压吸附式管线穿装方法示意如图 5.3 - 71 所示。

（3）临时消防及照明管线采用永临结合。

在建工程临时室内消防竖管的设置应便于消防人员操作，其数量不应少于 2 根；当结构封顶时，应将消防竖管设置成环状。而传统的做法，消防竖管为临时管线敷设，一般设置在阳台、结构外墙、室内楼梯附近等位置。由于消防竖管的位置设置不理想，当室内墙体砌筑后，若室内发生火灾，将严重影响消防水的取用，且到后期还要将临时消防管道拆除，既浪费人工，又损耗管线也大。施工现场临时照明线路敷设量大，电线裸露，施工过程中经常挪动，容易造成电线易损坏、人员触电隐患；施工结束拆除后，也易造成电线损耗、丢失。

利用建筑正式消防管线作为施工阶段临时消防用水的管线，将正式管线按设计图纸安装在对应位置，在剪力墙或楼板上埋设支架固定管道，并安装出水支管，用于现场用水。这样能有效解决施工阶段防火消防要求，且能节约临时消防管线。现场需要用电照明的楼梯间、地下室等位置，可利用工程主体施工阶段电器预埋管敷设临时照明线路，采用正式预埋管道穿线，所穿电线与工程设计的规格型号一致，电线最终将保留在管内作为正式建筑用线。

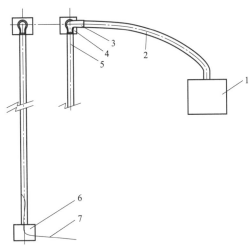

图 5.3-71　负压吸附式管线穿装方法示意图

1—负压吸附设备；2—负压吸附管；3—负压吸附接头；
4—线缆出口端；5—预埋管路；6—线缆进口端；7—引线

临时消防及照明管线利用正式管线节约了临时用水、用电安装材料的投入，减少了对后期施工的影响，同时加快了管道安装的进度，绿色环保且经济美观。临时消防及照明管线利用正式管线适用于各类公共建筑、商业建筑及民用建筑。临时消防及照明如图 5.3-72～图 5.3-75 所示。

图 5.3-72　正式消防管道作临时消防管

图 5.3-73　临时用电与永久照明相结合

图 5.3－74 正式消防水池加压水泵

图 5.3－75 正式消防用水管

5.3.2 周转材料

1. 工具式铝合金模板

工具式铝合金模板体系是根据工程建筑和结构施工图纸，经定型化设计和工业化加工定制，完成所需要的标准尺寸模板构件及与实际工程配套使用的非标准构件。

工具式铝合金模板加工生产后，应在工厂进行预拼装，对所有模板构件分区、分单元、分类作相应编号。模板材料运至现场，按模板编号进行安装。安装就位后，利用可调斜支撑调整模板的垂直度、竖向可调支撑调整模板的水平标高；利用穿墙对拉螺杆及背楞，保证模板体系的刚度及整体稳定性。

工具式铝合金模板的优点如下：

（1）铝合金建筑模板系统组装简单、方便，完全由人工拼装。

（2）铝合金模板施工速度快、周转率高，有效缩短了工期，且无须设置卸料平台，几乎不用起重机配合，降低项目管理成本。

（3）铝合金的残值高，工程施工完成后铝合金模板的回收利用价值高。

（4）工具式铝合金模板可回收，可多次周转利用，减少木材的使用。铝合金模板不需要施工现场再加工，避免产生建筑垃圾，减少噪声污染。

工具式铝合金模架体系适用于群体公共与民用建筑，特别是超高层建筑，主要适用于墙体模板、水平楼板、梁、柱等各类混凝土构件。工具式铝合金模架应用如图5.3－76～图5.3－78所示。

图 5.3－76 工具式铝合金模板

图 5.3-77　铝合金模板的支设

图 5.3-78　铝合金楼梯模板

2. 金属框木面模板

金属框木面模板是采用金属材料如钢、铝合金等作边框，内部镶嵌胶合板或木塑板等面板，形成钢铝框模板。金属框木面模板主要有平板模板和阴角模板两种形式。模板可采用夹具进行连接，尺寸可调节，模板拼接后，采用纵横龙骨保证整体性和平整性。金属框木面模板自重轻，规格尺寸少，标准化高，通用性强，拼接工具化，施工现场不需要再加工，避免现场加工时产生的建筑垃圾，环境整洁有序，减少噪声污染。金属框木面模板是新型的绿色环保建材，安拆方便，周转次数多，回收价值高，其金属材料可回收循环利用。模板用夹具拼装如图 5.3-79 所示，金属框木面模板龙骨效果图如图 5.3-80 所示。

图 5.3-79　模板用夹具拼装

3. 塑料模板

塑料模板是用含纤维的高强塑料为原料，在熔融状态下，通过注塑工艺一次注塑成形的模板。塑料模板配模设计可采用钢框大模板，也可用角钢、槽钢、木植等作为背桁，设计另配调节模板、阴角模、阳角模、斜撑、挑架、对拉螺栓和模板夹具等。施工现场只需简单加工，即可整体安装、整体拆卸，逐层使用，施工效率可比木模板提高 40%，节约劳动成本 30%，劳动强度大幅降低。

图 5.3-80　金属框木面模板龙骨效果图

塑料模板施工方法无须脱模剂，使用后的模板表面不粘混凝土，施工效果可以达到清水混凝土的要求，模板不需要清洁即可再次投入使用。

塑料模板表面光滑，易于脱模，重量轻，耐腐蚀性好。与传统模板相比，可以减少木材和钢钉的使用；模板周转次数多、可回收利用，有利于材料节约和环境保护。塑料模板应用如图 5.3-81～图 5.3-84 所示。

图 5.3-81　塑料模板的搭设

图 5.3-82　塑料模板作业现场

图 5.3 – 83　塑料模板顶板

图 5.3 – 84　塑料模板墙柱

4. 可多次周转玻璃钢圆柱模板

玻璃钢圆柱模板是采用不饱和聚酯与环氧树脂作为胶结材料，用低碱玻璃纤维布作为骨架逐层粘裹而成，具有抗拉强度高、韧性适中、耐磨、耐腐蚀、表面光滑等优点，并且材质本身较均匀，可近似看作匀质体。混凝土在浇筑时呈现一定稠度的液态，其对于模板的侧压力各向相等，呈各向同性的特征，可以自然成圆。

相对于定型钢模板，玻璃钢圆柱模具有成形效果好、重量轻、施工简便、造价低、周转率高等优点。玻璃钢圆柱模板适用于同规格大数量圆柱支模。

5. 电动液压爬升模板

电动液压爬升模板应用技术以剪力墙作为承载体，利用自身的液压顶升系统和上下两个防坠爬升器分别提升导轨和架体，实现架体与导轨的互爬；利用后移装置实现模板的水平进退。操作简便灵活，爬升安全平稳，速度快，模板定位精度高，施工过程中无须其他起重设备。

我国常用电动液压爬升模板的架体支撑跨度为≤5m；架体总高度约为 4 倍标准层高；操作平台分 7 层，上部两层为钢筋、混凝土操作层，中间两层为模板操作层，下部三层为爬模操作层。根据墙体结构自身的质量需要，结合爬模工艺特点，设计对应的模板体系，全钢大模板由平模、阴角模、阳角模、钢背楞、穿墙螺栓、铸钢螺母、钢垫片等组成。

外墙爬模架体外侧面使用菱形钢板安全网，顶层平台采用花纹钢板作平台板，内衬密目安全网；爬模平台与墙体之间使用两道翻板封闭，相邻爬模架体使用矩形管作为平台底梁，截面惯性矩大，平台刚度强；相邻爬升平台分段处使用翻板，方便人员通行和防护，平台临边防护需使用钢管栏杆。

爬升模板具备自爬的能力，能减少起重机械数量、加快施工速度；爬升模板已按图设计成全钢大模板，节省模板拼装时间，减少了木材的使用，属于绿色环保产品。爬升模板应用如图 5.3 – 85～图 5.3 – 88 所示。

图 5.3-85　爬模组装

图 5.3-86　爬模围挡组装

图 5.3-87　爬模连墙节点

图 5.3-88　液压爬升系统

6. 盘扣式模板支撑架

　　盘扣式模板支撑架是由焊接了八角盘的立杆、两端带有插销的水平杆以及斜杆组成的系统架。支架立杆、横杆、斜杆轴线汇交于一点，属二力杆件，传力路径简洁、清晰、合理，结构稳定可靠，且整体承载力高；各杆件使用的钢号、材质合理，物尽其用，减少用钢量，省材节能；盘扣节点采用热锻件，节点刚度大，插销具有自锁功能，可保证水平杆与立杆连接可靠稳定。

　　由于架体构造简单，均为标准化构件，架体间距大，外形美观，且采用低合金结构钢为主要材料，在表面热浸镀锌处理后，与其他支撑体系相比，在同等荷载情况下，可以节省材料 1/3 左右。

　　盘扣式模板支撑架适用于工业与民用建筑水平模板支撑系统，特别是高大空间模板支撑系统。盘扣模板支架应用如图 5.3-89 和图 5.3-90 所示。

图 5.3-89　盘扣节点实图

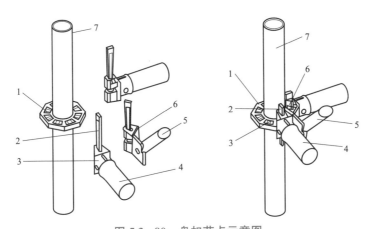

图 5.3－90　盘扣节点示意图

1—连接盘；2—扣接头插销；3—水平杆杆端扣接头；4—水平杆；

5—斜杆；6—斜杆杆端扣接头；7—立杆

7. 承插型键槽式钢管键槽式模板支架

承插型键槽式钢管模板支架技术运用中心传力原理，采用立杆插座和水平杆插头竖向插接的方式，形成中心传力的结构形式。架体顶部采用可调顶撑插接四个方向水平杆且可连接竖向斜杆的形式，消除了架体顶部的自由端，改善了钢管支架结构体系的受力状态，提高了承载力和稳定性，保证了通用性和安全性。

承插型键槽式钢管支架在设计时单件重量不超过 12kg，方便搬运和装拆，且不会有零散的配件跌落，减小施工危险性，减少了事故隐患具有较高的安全性。承插型键槽式钢管支架采用低合金结构热镀锌材料，强度高，具有防腐防锈的特点。应用承插型键槽式钢管支架可节约钢材。承插型键槽式钢管支架适用于建筑、市政、公路、铁路等工程建设领域的模板支架。承插型键槽式钢管模板支架如图 5.3－91 所示。

图 5.3－91　键槽式模板支架

8. 电动桥式脚手架系统应用

电动桥式脚手架系统是一种大型自升降式高空作业平台，仅需搭设一个平台，沿附着在建筑物上的三角立柱通过齿轮齿条传动方式实现升降，平台运行平稳，使用安全可靠，且可节省大量材料。电动桥式脚手架实图如图 5.3-92 所示。

图 5.2-92　电动桥式脚手架实图

电动桥式脚手架由驱动系统、附着立柱系统、作业平台系统三部分组成。电动桥式脚手架透视图如图 5.3-93 所示。

图 5.3-93　电动桥式脚手架透视图

电动桥式脚手架系统应根据工程结构图进行配置设计，合理确定平面布置和立柱附墙方法，根据现场基础情况确定合理的基础加固措施。

电动桥式脚手架系统拆卸灵活、方便、轻巧，能减轻操作工人的劳动强度，加快施工进度；可替代传统脚手架及电动吊篮，降低材料的使用。

电动桥式脚手架主要用于各种建筑结构外立面装修作业，已建工程的外饰面翻新，结构施工中砌砖、石材和预制构件安装，玻璃幕墙施工、清洁、维护等，也适用桥梁高墩、特种结构高耸构筑物施工的外脚手架。

9. 全集成升降式爬架平台系统应用

全集成升降式爬架平台系统是一种为高层建筑施工提供外围防护和作业平台的成套高效建筑设备。它由支架系统、附着导向和卸荷系统、动力提升系统、防坠系统、施工防护系统、智能化超载报警系统共六部分组成。全集成升降式爬架平台系统依照其动力来源可分为液压式、电动式、人力手拉式等几种。

全集成升降式爬架平台系统根据图纸及外立面结构特点深化设计，在工厂进行预制，施工现场组装，解决了高层建筑外围防护搭设难度大、危险性大等问题。该系统主要应用在高层、超高层建筑，使脚手架实现了半装备化、工具化和标准化，符合国家环保、节能减排的产业发展方向。

全集成升降式爬架平台系统使用过程中，依靠自身动力升降，不占用起重机，减小劳动强度、加快施工进度，实现了高层建筑脚手架工艺的机械化施工，提高了高层建筑施工机械化水平，促进了建筑施工技术的进步。

全集成升降式爬架平台系统一次搭设循环使用，节约人工费，与落地式外脚手架相比，一次性投入材料减少，可节约钢材约 2/3～3/4。

全集成升降式爬架平台系统脚手板采用预制钢板，外围维护采用铝合金隔离网片，避免高空散装散拆的坠物隐患，杜绝了老式外架的塑料安全网，木制脚手板使用，架体外形美观。全集成升降式爬架平台系统如图 5.3-94～图 5.3-96 所示。

图 5.3-94　全集成升降式爬架平台系统外观效果图

同步报警装置

电动提升机

电控箱

图 5.3-95　底部封闭防护图　　　　图 5.3-96　爬架提升系统

10. 荷载预警爬升料台系统应用

荷载预警爬升料台系统由附墙支座、导轨、物料平台、称重系统、控制系统及辅助架体组成，可工厂化预制生产，实现施工现场工具式组装。荷载预警爬升料台系统依靠自身的升降设备和装置，可随工程结构逐层爬升，不占用起重机时间，省时方便；具有防倾覆、防坠落机械装置，升降安全的优点；并具有称重装置，可实时监控平台荷载，超重时声光报警，同时可连接至远处终端，实现远程监控。它适用于主体结构、砌筑装修、外墙粉刷等施工时的物料转运。荷载预警爬升料台系统应用如图 5.3－97 和图 5.3－98 所示。

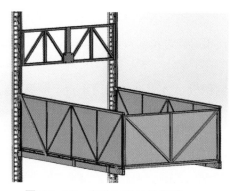
图 5.3－97　爬升料平台示意图

图 5.3－98　爬升料平台作业图

11. 抽屉式建筑悬挑卸料平台应用

抽屉式建筑悬挑卸料平台系统是一种为高层建筑施工提供安全防护和作业平台的成套高效建筑设备，在工厂进行预制，使卸料平台实现了半装备化、工具化和标准化。施工现场组装用钢支顶固定，无须预埋件，安装方便，可操作性强，解决了高层建筑物料运输难度大、危险性大等问题。抽屉式建筑悬挑卸料平台系统依靠自身动力可室内外移动，减小劳动强度、加快运送进度，实现了高层建筑安全放料，且吊装省时。抽屉式建筑悬挑卸料平台系统可多次循环使用，节约人工费，与传统卸料平台相比，安全方便、节约成本。抽屉式建筑悬挑卸料平台适用于高层、超高层建筑。抽屉式建筑悬挑卸料平台如图 5.3－99 和图 5.3－100 所示。

图 5.3－99　抽屉式建筑悬挑卸料平台工地实景

图 5.3－100　抽屉式建筑悬挑卸料平台作业

12. 单侧穿梁预埋悬挑脚手架应用

单侧穿梁预埋悬挑脚手架是一种高层建筑中新型悬挑架梁侧全预埋安装搭设装置。其组成构件包括悬挑梁、直线梁、斜角梁及对角梁、斜拉杆、下支撑杆、预埋体系。单侧穿梁预埋悬挑脚手架如图 5.3-101～图 5.3-107 所示。

图 5.3-101　悬挑梁

图 5.3-102　直线梁

图 5.3-103　斜角梁及直角梁

图 5.3-104　斜拉杆

图 5.4.2-105　下支撑杆

图 5.3－106　预埋件

图 5.3－107　安装螺栓

单侧穿梁预埋悬挑脚手架优点如下：

（1）单侧穿梁预埋悬挑架中的型钢梁所采用的工字钢用量，比传统产品减少了穿越墙体伸入室内锚固在楼面梁和楼面板上的长度，其重量减轻了 56% 以上，节省了大量的钢材。全新的安装搭设方式，可以有效保证施工质量，杜绝渗水漏水隐患，并且构件重复使用率为 95%。

（2）不需穿墙安装，不损坏混凝土墙、梁、板等结构，有效杜绝外墙渗水漏水现象，能有效保证主体结构的施工质量。

（3）室内没有型钢梁，方便建筑垃圾清理及施工人员行走，各种施工工序可交叉进行，施工现场简洁、美观。

（4）悬挑型钢梁与建筑物主体结构的固定是采用可拆式预埋高强螺栓，型钢梁拆除后，预埋螺栓还可回收重复使用。

（5）与传统的悬挑型钢梁对比，既节省型钢及 U 形预埋件，同时又节省了拆除传统型钢和预埋件后所需的切割、补砌筑等环节的费用和工时。

13. 定型化移动灯架应用

定型化移动灯架采用 6061－T6 优质铝型材作为承重载体，灯光架的两端为三角板形式，顶部做成围护栏形式作为灯具放置点，结构简洁，安装使用方便，质量安全可靠，可反复使用，运输方便。定型化移动灯架可替代传统的钢管搭设的灯架，节省材料，降低劳动强度，提高工作效率。定型化移动灯架适用于各类建筑工地照明，如图 5.3－108 和图 5.3－109 所示。

14. 标准化塑料护角应用

标准化塑料护角是指在工厂定型加工，涂上玻璃胶黏附在柱子上即可；同时护角上部用黄黑警示带缠绕一周，既可增加护角之间的连接，又可增加整体的美观性。传统的木模护角施工效率低，材料很难实现周转使用，且耗费大量的人工成本。标准化塑料护角可重复使用，提高了材料的利用率，成本较低，且安装方便，节省了大量的人工。标准化塑料护角适用于现场所有柱、墙的阳角成品保护。标准化塑料护角如图 5.3－110 和图 5.3－111 所示。

图 5.3－108 定型化移动灯架图

图 5.3－109 定型化移动灯架实物图

图 5.3－110 塑料护角图

图 5.3－111 塑料护角效果图

15. 定型组合钢模板应用

定型组合钢模板是一种工具式定型模板，由钢模板和配件组成，配件包括连接件和支撑件。钢模板可以通过连接件和支撑件组合成多种尺寸结构和几何形状的模板，以适应各种类型建筑物的梁、柱、板等施工的需要，也可用其拼装成大模板、滑模、隧道模和台模等。定型钢模板施工时可在现场直接组装，亦可预拼装成大块模板或构件模板用起重机调运安装，组装灵活，通用性强，拆装方便；每套钢模可重复使用 50～100 次；加工精度高，浇筑混凝土质量好，成形后的混凝土尺寸准确，棱角整齐，表面光滑，可以节省装修用工。适用于市政工程的桥墩、桥体等。定型组合钢模板如图 5.3－112 所示。

图 5.3－112 定型组合钢模板应用

5.3.3 临时设施

1. 工具式安全防护应用

工具式安全防护是指配电箱防护棚、钢筋及木工加工棚、安全通道、基坑防护、楼层防护、楼层洞口及楼梯临边防护、施工电梯防护门、电梯井防护门等采用定型化、工具化可组装拆卸的防护设施。

（1）配电箱防护棚、钢筋及木工加工棚、安全通道可使用方管焊接法兰用螺栓连接组装而成，便于拆卸，运输方便。工具式安全防护应用如图5.3-113～图5.3-116所示。

图5.3-113 配电箱防护棚

图5.3-114 钢筋加工防护棚

图5.3-115 可周转木工加工棚

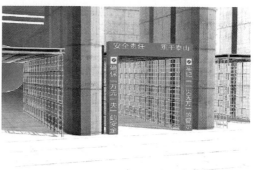

图5.3-116 安全通道

（2）基坑临边防护、楼层防护可采用定型化的护栏，以 50mm×50mm×3mm 方钢管作为栏杆柱，40mm×40mm×3mm 角钢作为网片边框，网片采用直径 2mm 低碳高强钢丝网、膨胀螺栓、150mm×150mm 钢板、角钢固定组成。此防护施工快，易拆装。基坑临边防护、楼层防护如图 5.3-117 和图 5.3-118 所示。

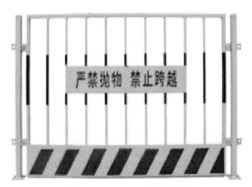

图 5.4.3-117　基坑防护　　　　　　　　图 5.4.3-118　楼层防护

（3）临边洞口与外墙面垂直的防护。采用外径 60mm 钢管与 3mm 厚的钢板焊接在一起，形成法兰盘，法兰盘上四角留 4 个螺栓孔，底座固定在墙上，钢管固定至法兰盘内，用螺栓顶紧，既美观又牢固。临边防护与外墙面平行的防护。把旋转扣件一分为二，通过旋转扣件中间螺栓口，用平头膨胀螺栓固定在墙上。临边洞口与外墙面的垂直、平行防护如图 5.3-119～图 5.3-122 所示。

图 5.3－119　垂直防护

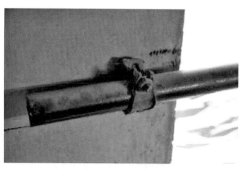

图 5.3－120　平行防护

图 5.3－121　临边洞口防护

图 5.3－122　半个扣件

（4）楼梯防护立杆采用法兰盘固定于地面，水平栏杆转弯处采用 90°弯头，两端焊接外径 60mm 套管，扶手钢管套入转角钢管内以螺栓固定。楼梯防护如图 5.3－123 和图 5.3－124 所示。

图 5.3－123　防护节点

图 5.3－124　楼梯防护

（5）施工电梯防护门及电梯井防护可由方钢管、角钢、丝杆、螺母加工制作而成。此种定性防护由两部分连接而成，连接通过螺母调节，适用于通道、洞口防护。制作工艺简单，外观简洁，适用性强，无各种环境污染。施工电梯防护门及电梯井防护如图 5.3－125 和图 5.3－126 所示。

图 5.3 – 125　施工电梯防护门

图 5.3 – 126　电梯井防护

工具式安全防护安拆方便，标准化的防护用品可由公司集中加工定制，项目租赁使用，保证了防护用品的及时性和统一性，美观牢固，且有利于材料周转使用，降低成本。

工具式安全防护适用于所有的建筑施工项目。

2. 链板式电梯门应用

链板式电梯门是指电梯上拉门、下翻门用一根钢丝绳及滑轮等联系起来并通过推拉下翻门进出电梯的装置。原普通施工电梯需要在电梯口通往楼层两侧搭设防护脚手架作为安全通道，既费工费料又存在一定的安全隐患。为此，通过对原有施工电梯门进行设计改造，创新设计成链板式电梯门，节省了电梯口通楼层通道两侧脚手架防护的搭设，有效降低安全隐患，可节约周转材料。链板式电梯门适用于大部分民用与工业建筑。链板式电梯门应用如图 5.3 – 127～图 5.3 – 129 所示。

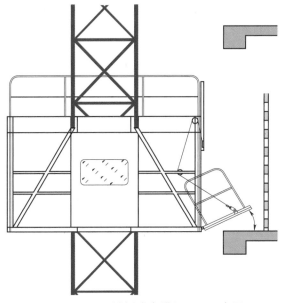
图 5.3 – 127　链板式电梯门立面示意图

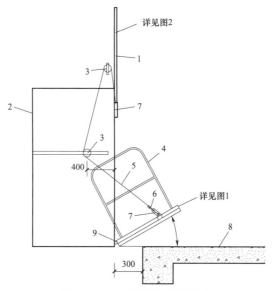

图 5.3 – 128　链板电梯门详图

1—梯笼上拉门；2—电梯笼；3—滑轮；4—扶手；5—钢丝绳；
6—钢丝卡口；7—连接环；8—混凝土楼板；9—转轴

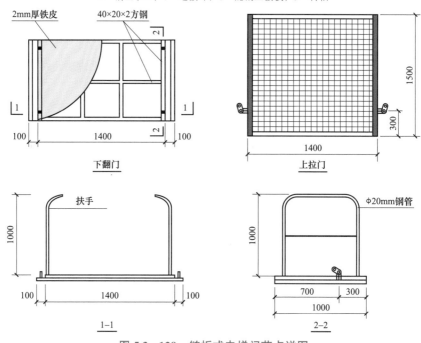

图 5.3 – 129　链板式电梯门节点详图

3. 可周转定型的防护楼梯应用

在建的地下基础工程、地下空间工程、钢结构工程，需要设置临时安全通道，作为检测试验、监督检查、施工之用。传统上下安全通道采用钢管搭设，安全防护效果不理想，随着施工位置的变化，通道需要反复搭设，造成了人力和物力的浪费。宜将临时通道设计成可周转定型的防护楼梯，以便于安装和运输。

可周转定型的防护楼梯可由工厂加工，根据现场实际，采用不同的模数组合，可根据施工位置的变化，在不同部位安装，周转效率高，且满足安全要求。

可周转定型的防护楼梯采用角钢、钢管、花纹钢板构成。主要构件之间采用螺栓连接，每节防护楼梯之间预留吊装环，方便吊装；外围防护采用钢丝网，上下通行采用连接在主框架上的钢楼梯，安全可靠。

可周转定型的防护楼梯下应做混凝土底座，夜间应设置照明设备及警示灯，防护楼梯必须安装附墙装置。可周转定型的防护楼梯如图 5.3－130 所示。

图 5.3－130　可周转定型的防护楼梯实施效果图

4. 临时设施工具化应用

现场临时设施尽量做到工具化，可重复利用。钢筋地笼、材料堆放架、废料池、氧气乙炔防护棚、焊机箱、钢梯、标养室、门卫、茶水棚、集水箱、仓库等都可以是工具化可吊装设施。临时设施可在短时间内组装及拆卸，可整体移动或拆卸再组装以再次利用，大量节约材料。临时设施工具化应用如图 5.3－131～图 5.3－143 所示。

图 5.3－131　钢筋地笼

图 5.3 – 132　材料堆放架

图 5.3 – 133　工具式废料池

图 5.3－134　氧气、乙炔防护棚

图 5.3－135　移动焊机箱、钢梯

图 5.3－136　试块养护架

图 5.3－137　集装箱养护室

图 5.3 – 138　可周转茶水棚

图 5.3 – 139　可周转门禁

图 5.3 – 140　可周转集水箱　　　　　图 5.3 – 141　可周转式仓库

图 5.3 – 142　氧气防护棚　　　　　图 5.3 – 143　移动电焊机箱

5. 可周转工具式围挡应用

在工程施工中，临时围挡是必不可少的一项临时设施。临时围挡也有很多种做法，传统做法是砖砌围挡，施工结束后拆除，会产生的大量建筑垃圾；也可采用单层彩钢板围挡，但存有强度不足的问题。因此，可以利用彩钢夹芯板及压型钢立柱组合成可周转工具式围挡。可周转工具式围挡美观实用，且可多次重复利用，可减少夹芯板废弃造成的环境污染。可采用临时板房夹芯板淘汰的 EPS 夹芯板作为挡板，进行二次利用。可周转工具式围挡广泛应用于道路、铁路、建筑和城市市政等临时施工用围挡和围护。现场围挡如图 5.3-144～图 5.3-148 所示。

图 5.3-144　临时围挡样式图

图 5.3-145　办公区与生产区隔离围挡

图 5.3-146　工地入口处的围挡

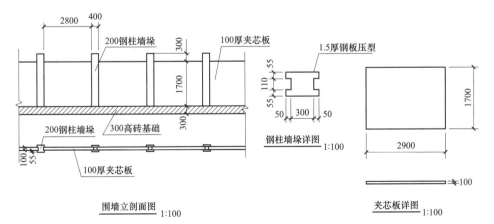

图 5.3-147　临时围挡各部位尺寸图

图 5.3–148　拐角透视围挡实景图

6. 构件化 PVC 绿色环保围墙应用

构件化 PVC 绿色环保围墙的主要材质为硬质 PVC 材料，为全回收绿色环保材料，围墙支架采用薄壁型钢。PVC 围墙具有质量轻、易加工、防潮、阻燃、耐腐蚀、抗老化、色泽稳定等特点。其结构简单，易于组装拆卸，可实现围墙搭建的快速化与构件化。围墙安装、拆除过程中无有害物和垃圾，符合国家绿色建筑理念，社会效益显著。

构件化 PVC 绿色环保围墙由 PVC 板、支架、基础组成。PVC 板由基座板、面板、顶板和专用连接件四部分组成。面板高 155cm，宽 90cm，厚度为 1.5cm，为中空结构。基座板和顶板高度分别为 30cm 和 20cm，长度均为 500cm，厚度为 4.5cm，在基座板和顶板沿连接方向在中心设置 1.5cm 宽、2.5cm 深凹槽，可将面板插入基座板和顶板之内。支架采用方钢支架，支架高 2m，材料均为 3cm×5cm 方钢，方钢采用焊接连接。支架每 180cm 设置 1 道。围墙基础为混凝土条形基础，长、宽、高分别为 90、30、40cm。支架与混凝土采用膨胀螺栓连接。

构件化 PVC 绿色环保围墙设计原理主要是通过原材料材质选择、构件化设计、安装拆除工艺等来实现工厂化生产，生产时可根据需要确定尺寸及颜色，可周转利用、可回收、绿色环保、施工快捷，具有良好的经济效益。

构件化 PVC 绿色环保围墙拆除时只需将围墙各个部件拆卸下来，分类摆放整齐即可。拆除 PVC 板时应轻拿轻放，以免损坏板材。拆卸下来的围墙部件，送至仓储区分类整齐堆放，妥善保管，以备再次使用。已报废的 PVC 板可收集整理，集中回收返厂，作为新 PVC 产品的原材料，循环使用。

构件化 PVC 绿色环保围墙安装拆除速度快，强度高，适用性强。与传统方法相比，减少了材料用量，降低了施工成本，减少了能源消耗，符合满足国家关于建筑节能工程的有关要求，节约资源和工期。

构件化 PVC 绿色环保围墙具有较大的刚度、稳定性，适用于建筑工程、道路工程及其他临建工程所需的永久性围墙或临时围墙。构件化 PVC 绿色环保围墙如图 5.3–149 所示。

图 5.3－149　构件化 PVC 绿色环保围墙实物图

7. 可周转式的箱式板房应用

可周转式的箱式板房是指具有标准化尺寸、布置、CI（企业形象识别系统，Corporate Identity System）、家具规格、电路配置等的临建设施，应在项目办公区及其他临时辅助用房的实施方案中，以示意图、立面图、节点图等多角度表现，表述箱式板房做法。

可周转式的箱式板房为整体结构，内有型钢框架，墙体为彩钢复合板，可整体迁移，具有拆装方便、稳定牢固、防震性能好、防水、防火、防腐、质量轻等良好性能。

可周转式的箱式房采用模块化设计，以箱体为基本单元，箱式板房模数为6055mm×3000mm×2896mm（长、宽、高）。箱体水平方向上通过水平连接件使箱与箱在纵向与横向连接，垂直方向上通过垂直连接件进行组合。屋顶采用特制彩钢瓦楞板，玻璃丝绵为保温层，地面为橡胶地面。

可周转式的箱式板房具有可多次周转使用、CI 形象好、节能效果好、承重能力强、节省运输费用等优点，具有良好的经济性，符合国家倡导的节能环保要求。

可周转式的箱式板房适用于所有项目中办公和其他辅助用房。可周转式的箱式板房如图 5.3－150～图 5.3－163 所示。

图 5.3－150　箱式房整体效果图

图 5.3 – 151　集装箱式办公室

图 5.3 – 152　集装箱式办公室安装　　　　图 5.3 – 153　集装箱式宿舍吊运

图 5.3 – 154　集装箱式活动板房

图 5.3 – 155　集装箱式标养室

图 5.3 – 156　可周转箱式食堂

图 5.3 – 157　可周转箱式宿舍

图 5.3 – 158　可周转箱式厕所实图

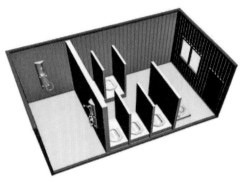

图 5.3 – 159　可周转箱式厕所效果图

图 5.3 – 160　集装箱式厕所

图 5.3 – 161　集装箱式浴室

图 5.3－162　集装箱式配电箱

图 5.3－163　集装箱式门卫

8. 周转式混凝土临时道路应用

周转式混凝土临时道路是指采用配筋混凝土预制块铺装施工现场临时道路，可通行重型货车，代替传统的现浇混凝土路面的施工工艺。周转式混凝土临时道路可周转使用，减少垃圾排放，节能环保。

施工现场临时道路布置应按照与原有及永久道路相结合的规划原则，可先进行总体管网施工，采用永久道路施工材料完成路基施工，铺装周转式混凝土道路用于临时道路使用，待主体工程完工后，直接在基层上铺设面层。

周转式混凝土临时道路板是通过单元化设计、标准化控制来实现工厂化生产、快速铺装的目的。预制混凝土板可采用 C30 混凝土制作，截面尺寸为 1m×0.8m、0.8m×0.5m。预制混凝土路面根据现场使用情况分为两种型号，即承载重型路面和行人路面。对于承载重型路面，板厚 200mm，配筋 $\phi12@200$ 主要用于施工现场运输通道、钢筋加工区、钢筋堆料区、模板存放区等承受动荷载或静荷载较大区域，可对于行人路面，板厚 80mm，配筋 $\phi6@150$，主要用于办公区、生活区、人形通道等无施工荷载区域。充分利用工地不同规格的钢筋余料。预制块四周角钢包角，保证周转及使用过程中的完整性；同时，为便于周转使用，预制块对角设置 $\phi14$ 吊钩。

周转式混凝土临时道路预制块铺装前必须确保基层平整、坚实，采用错缝铺装，避免通缝。

周转式混凝土临时道路适用于施工临时道路和施工场地的铺设。周转式混凝土临时道路如图 5.3-164～图 5.3-167 所示。

图 5.3-164　现场工程整体效果

图 5.3-165　角钢包角效果图

图 5.3-166　绑筋支模

图 5.3-167　周转式混凝土临时道路

5.4　材料再生利用

5.4.1　建筑垃圾破碎制砖技术

建筑垃圾砖生产技术是以建筑垃圾为原料，以节能、降耗、减排为设计指导思想，运用环保节能免烧砖全自动生产线生产便道砖、砌墙砖的技术。这一技术适用于各类工程产生的建筑垃圾。

建筑垃圾砖是将收集的混凝土、砂浆、碎砖块等建筑垃圾，经过破碎机破碎、筛分等工序处理，形成粒径小于 20mm 的碎块，然后将水泥、粉煤灰、砂、电石渣和磷石灰等辅料按照一定的比例混合并搅拌，最后将拌和物送入制砖机，挤压成形，可制成便道砖、砌墙砖等。

建筑垃圾制砖可有效消纳大量建筑垃圾等多种固体废弃物，有效解决建筑垃圾侵占土地、污染环境等问题，节约土地资源。建筑垃圾制砖应用如图 5.4-1 和图 5.4-2 所示。

图 5.4-1 建筑垃圾破碎机

图 5.4-2 建筑垃圾制砖机

5.4.2 废旧材料加工定型防护应用

建筑施工过程中，会产生为数较多的短木方、窄竹胶板等废旧周转材料。像 1m 以下的木方续接再利用的价值不大，通常会当做废旧物资处理掉，而竹胶板的边角料产生的量也比较大，无法再用于正常的模板支设。本方法是利用这些废旧材料来制作加工定型小型孔洞封堵板、防护脚手板。可根据小型孔洞尺寸选用废弃的木料或竹胶板加工孔洞封堵板，板面应刷警示油漆。

加工定型防护脚手板。防护脚手板宽度为架体净宽，为便于搬运，长度一般控制在 1500mm 左右；将加工好的纵横向木方拼成框架，两端空挡内加斜木方加强固定，防止变形；框架固定好后，用废旧竹胶板按照脚手板尺寸裁切封闭平面，背面纵向木方处加两块通长竹胶板条固定，正面钉防滑条。

定型防护脚手板主要用来封闭工字钢悬挑层硬防护使用，周转次数与木跳板相同。铺设定型防护脚手板时，脚手架需按照竹笆片铺设方法设置架体内通长大横杆，两块脚手板接头处可用竹胶板条连接封闭。

定型防护脚手板防护效果较好，封闭严密，易于安装、拆除和清理，可替代木跳板使用，从而达到废物再利用和节约成本的目的。

利用废旧材料加工定型防护，能及时收集现场的废旧材料进行加工制作，减少了废旧材料在现场的堆放和对环境的污染，实现建筑废弃物处理减量化；同时减少了木材的投入量，有助于生态环境保护。适用于施工现场的小型孔洞封堵及外脚手架工字钢悬挑层作为硬封闭防护和代替作业层竹笆片防护。废旧材料加工定型防护应用如图 5.4-3～图 5.4-6 所示。

5.4.3　挖方石材再利用

毛石混凝土是指在混凝土中加入一定量的毛石，一般用于基础工程多。在大体积混凝土浇筑时，为了减少水泥发热量对结构产生的病害，在浇筑混凝土时也会加入一定量毛石。

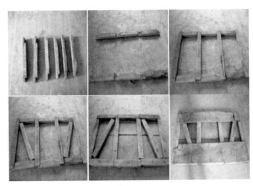

图 5.4-3　利用旧木板及竹胶板做悬挑层的硬封闭防护

图 5.4　4　模板接长　　　　　　图 5.4-5　废旧材料做楼梯防护

图 5.4-6　孔洞封堵板

挖方、开凿或爆破会产生大量石料，除不适用的铺筑道路外，可利用的毛石用于毛石混凝土施工，可减少石方资源的浪费，增加挖方石料的利用率。不管开凿或爆破产生的石料，采取就地利用可有效减少施工成本和环境污染，防止了外运产生的滴撒漏，减少土地资源浪费。

毛石混凝土一般适用于基础工程，如毛石混凝土挡土墙、毛石混凝土垫层等。毛石混凝土应用如图5.4-7所示。

图5.4-7 毛石混凝土垫层

5.4.4 表土绿化再利用

表土是泥土的最高层，通常指距地表15～20cm的土层，一般路基清表不超过30 cm。可广泛应用于市政工程、道路工程中央绿化带和景观工程绿植土等。

清表土含有大量耕植土和腐殖质，可以提高绿植成活率，并且能够减少弃土方量、化肥的使用，以及节省土地资源征用。

5.4.5 方木对接技术

由于结构形式、构件尺寸等不同，方木龙骨在多次周转后，会被切割变短，待工程结束后，短方木一般会以废料回收，甚至作为现场垃圾处理。采用方木对接工艺，可增加截短方木的周转次数，对于减少材料消耗，降低工程成本具有重要意义。方木对接技术适用于各类工程。

方木对接工艺采用机械设备将短方木端部加工成锯齿形，接长后利用结构胶黏结并由设备挤压定型；经固化养护后，对每批对接方木进行力学性能试验，方木接头受力满足要求后可投入使用，龙骨安装时，接头处应相互错开。方木对接技术应用如图5.4-8～图5.4-14所示。

图5.4-8 方木机械切齿

图5.4-9 方木对接刷胶

图 5.4－10　全自动木枋接长机

图 5.4－11　方木对接加长

5.4.6　河湖污泥处理及制陶技术

河湖污泥的泥量大、有机质含量低、含水率高，其资源化利用途径主要是场地回填、堤岸整治、园林绿化、矿山修复等，但往往由于含有污染物、工期衔接等因素导致无法实施。因此，我国河湖污泥目前消纳的主要途径是寻求合适的地方堆存，消纳压力巨大。

当下污泥制陶工艺的主要缺陷。

1）由于传统制陶工艺无法避免 250～800℃ 的升温段，污泥成分又较为复杂，无法有效避免二噁英的产生。同时，由于陶粒是湿料进窑，烟气中含有大量的水蒸气，冷却后易与烟尘板结，阻碍烟气处理设施的正常运转，导致传统制陶工艺烟气处理不达标。

2）在烧煤制陶被禁止的情况下，制陶的高能耗问题成为制约污泥制陶的一大因素。

3）由于传统污泥陶粒的筒压强度低，一般不超过 2MPa，只能用于养花、滤料、湿地等小众市场，消纳能力有限。

余热干化、烧制陶粒技术。该技术是采用烟气以及陶粒余热对物料进行干化，采用新型材料对陶粒进行补强，再采用三叶式回转窑进行高温烧制。与传统回转窑烧制陶粒工艺相比，余热干化、烧制陶粒技术具有以下优势：

1）能耗低，仅为传统窑炉能耗的 1/3。

2）窑炉短，且温度均匀，精确控温，窑炉内温度均控制在 1000℃ 以上。

3）排放烟气达标。干化和焙烧均避开二噁英类物质生成的温度，避免二噁英的产生；同时，精确控制炉窑内燃料燃烧温度、过量空气量及烟气与废渣在炉内的滞留时间，在焙烧过程中，多数二噁英是附着在飞灰上的，在气相中很少。因此，采用布袋除尘，除尘效率可达 99.9%，从而使烟气处理设施可以正常运行，确保烟气达标排放。

4）维护成本低。三叶式回转窑钢耗少，结构简单，无须昂贵的维护成本，无须频繁更换内衬材料。

5）市场覆盖面大。由于陶粒强度高，不仅可以用于传统的陶粒市场，如绿化、吸附过滤材料、轻质砌块、隔热保温材料等，还可用于透水砖、高性能混凝土轻质骨料的制作，配置 C30～C80 混凝土等。河湖污泥节能环保制陶相关流程及设备如图 5.4－12～图 5.4－14 所示。

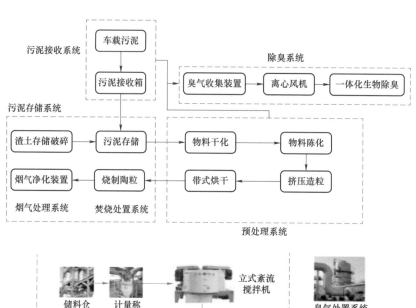

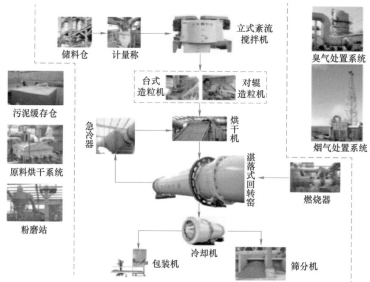

图 5.4 – 12　污泥处理处置工艺流程

图 5.4 – 13　三叶式回转窑

图 5.4 – 14　制陶车间

　　用陶粒制成的轻骨料混凝土与普通混凝土的差异，主要体现在轻骨料混凝土的破坏形式与普通混凝土破坏形式有所不同。对于轻骨料混凝土来说，轻骨料的强度和弹性模量要小于水泥砂浆的强度，同时由于轻骨料表面比较粗糙，比表面积大，与水泥砂浆黏结力强，不易产生界面裂缝；且由于轻骨料的吸水返水性能，在水泥水化初期，界面区的水灰比较小，同条件下界面区的孔隙率小。随着水泥水化的进行，轻骨料所吸收的水分会慢慢释放出来，为未水化的水泥颗粒提供水化动力，使得界面区的水泥石更加密实，界面黏结力更大。当压力荷载作用在轻骨料混凝土时，轻骨料颗粒本身成为混凝土结构体系中的薄弱环节，因此轻骨料混凝土的破坏形式主要以骨料破坏为主。高强陶粒轻骨料混凝土如图 5.4－15 所示。

图 5.4－15　高强陶粒轻骨料混凝土

　　陶粒规格用途以及适用范围见表 5.4－1、图 5.4－16 和图 5.4－17。

表 5.4－1　　　　　　　　　　　　　陶 粒 适 用 范 围

级别（kg/m³）	筒压强度（MPa）	配制混凝土强度	应用领域
600－700	10	C40	中高层建筑、铺板路、桥梁桥面、装配式建筑
700－800	13	C50	高层建筑、石油钻井平台、装配式建筑
800－900	16	C60	长大桥、大跨度无支撑结构屋顶、超高层建筑
900－1150	20	C70	高铁箱梁、超高层建筑

图 5.4－16　陶粒大跨度无支撑结构屋顶　　　　图 5.4－17　陶粒铺板路

5.4.7 弃土再生建材填筑技术

城市水环境综合治理项目的管网工程施工过程中，由于基槽开挖产生大量的弃土（即"渣土"），面临转运和处置的困难。目前阶段常用的回填材料是石粉渣，当基槽工作面较狭窄，采用小型压实机械或人工碾压时，压实度不能满足要求，管道的腋角是压实的盲区，钢板桩拔桩后易产生变形和扰动破坏导致管道基础沉降等难题。对以上难题进行研究，创造了弃土再生建材填筑技术。

弃土再生建材填筑技术是将由弃土、水泥、早强剂、水等配置成一种具有自流平、自密实的可控低强度材料，通过专用施工设备进行基槽浇筑，解决了基槽回填基础承载力低和沉降控制的难题。

弃土再生建材填筑技术实现了"土方平衡"和弃土的资源化利用，节约了工程施工成本和周期，为弃土处理、基槽回填等提供了一个经济环保的解决方案。

弃土再生建材填筑技术适用于城市管网工程施工中的弃土及回填处理。城市弃土再生建材专业施工设备如图5.4-18所示。

图 5.4-18 城市弃土再生建材专业施工设备

第6章

节水与水资源利用措施及实施重点

建立水资源保护和节约管理制度。施工现场的办公区、生活区、生产区用水单独计量，建立台账。采用耐久型管网和供水器具并做防渗漏措施。施工现场办公区生活的用水宜采用节水器具。结合现场实际情况，充分利用周边水资源。本章从用水管理、节水措施及方法、水资源利用、材料再生利用等方面进行介绍。

6.1 用 水 管 理

6.1.1 施工用水管理

现场临时用水系统应根据用水量设计，管径合理，管路简捷；本着管路就近、供水畅通的原则布置，管网和用水器具不应有渗漏。施工现场用水分区计量，建立用水台账，定期进行用水量分析，并将用水量分析结果与既定指标做对比，及时采取纠偏措施。现场用水管理如图6.1-1和图6.1-2所示。

图 6.1-1 计量水表

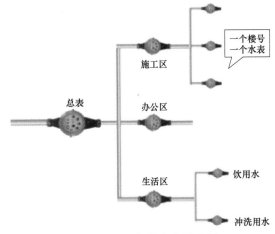

图 6.1-2 现场用水分区计量

现场机具、设备、车辆冲洗用水，路面、固废垃圾清运前喷洒用水、绿化浇灌等用水，优先采用非传统水源，不宜使用市政自来水。

混凝土养护用水应采取有效的节水措施，如薄膜覆盖、涂刷养护液，覆盖木刨削、草袋、草帘、棉毡片或其他保湿材料等措施。

进行养护和淋水试验的水，宜采用沉淀池中的过滤水，并循环使用。

混凝土养护用水优先选用经沉淀池回收的循环水，养护时采用节水喷雾装置。混凝土洗泵水和养护用水循环重复利用如图 6.1-3 所示。

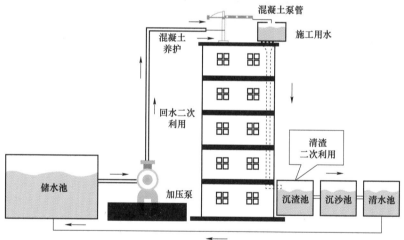

图 6.1-3 混凝土洗泵水和养护用水循环重复利用

管道试压用水宜选用现场水源，宜安装回收装置，回收用水可用于下次试压。

施工现场应加强供水管网日常检查维护，杜绝水资源浪费。

6.1.2 办公生活用水管理

合理设计办公生活区供水、排水系统，使水资源循环利用。生活、办公区宜建立回收蓄水池，储存回收生活废水，经沉淀后用于冲洗车辆、厕所及绿化。生活污水收集如图 6.1-4 所示，生活污水循环利用如图 6.1-5 所示。

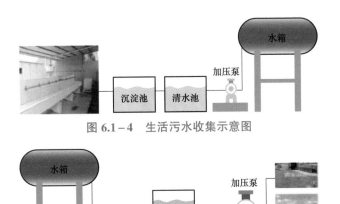

图 6.1－4　生活污水收集示意图

图 6.1－5　生活污水循环利用

　　办公生活区的食堂、卫生间、浴室等应采用节水器具，节水器配置率应达到 100%。节水器应用如图 6.1－6～图 6.1－9 所示。生活区的洗衣机、淋浴等可采用计量付费方式，控制用水量，增强节约用水意识。

图 6.1－6　工地卫生间

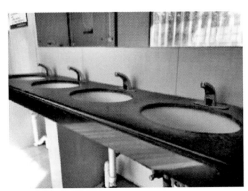

图 6.1－7　感应洗手池

图 6.1－8　节水型冲洗阀、水龙头

图 6.1 – 9　节水型冲洗水箱

6.1.3　消防用水管理

消防用水和消防设施应满足《建设工程施工现场消防安全技术规范》（GB 50720—2011）的要求。在办公生活区、施工区按区域大小及用水量合理设计消防设施，且有充足的水源保证消防用水。定期检查消防设施，确保其应急功能。寒冷地区露出地面的管道及消火栓应有保温措施，保证冬季顺利开启。

6.2　节水措施及方法

6.2.1　施工用水

1. 自动加压供水系统应用

自动加压供水系统可提供消防用水和施工用水，能自动启动给水系统，方便快捷，满足用水需求。自动加压供水系统供水时自动加压，自动关机与缺相保护，可以抑制频繁起动电路、防空抽。水池满时自动关水，水池空时自动供水，使水池水位处于正常状态，循环使用，节约用水。自动加压供水系统可实现 24 小时供水，利于施工用水和消防用水，且节能节源、降低成本。

自动加压供水系统优先采用基坑抽取的地下水，需要增设一个沉淀池、一个蓄水池和一套加压水泵。蓄水池可采用地下室消防水池，对于超高层建筑施工现场消防用水来说，若加压泵的压力满足不了施工要求，可在楼层中设置压力转换站，通过压力转换站加压，使水压满足施工要求。自动加压供水系统适用于各类公共建筑、商业建筑及民用建筑。自动加压供水系统应用如图 6.2 – 1～图 6.2 – 3 所示。

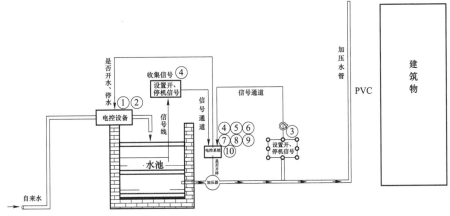

图 6.2-1　自动加压供水示意图

图 6.2-2　自动加压供水系统

图 6.2-3　压力转换站

2. 高层建筑施工用水管道加压改造及地下水利用的优化

高层建筑用水一般采用市政水加压供应，市政水加进水箱，再用水泵加压供给高层施工用水。高层施工用水使用及损耗较大，单纯采用地下水补给不能满足施工用水需求。利用市政供水并辅助地下水源补给，可节省市政用水量、降低设备扬程，节约能源。

对市政供水辅助地下水源补给的方法进行方案论证及现场试验，在工地现场打两个 DN150 的地下水井，井壁采用 PVC 给水管材料，井深 45m。在高层生产用水的始端增设两个接口供水箱补水及加压，并在相应的管路加设止回阀、闸阀等，水泵采用变频控制箱自动控制。水箱设置两个补水口，平时水箱满的时候采用地下井水供水；加压水泵变频控制，设置管道压力值自动控制启停。此种加压方式将压力从一个接口泵入管道，相比泵设在管道中间直接加压，避免了负压的产生；两个止回阀的设置，避免了倒流现象。当水箱水位过低时候，采用市政水、地下水同时供水，此方案有效叠加了市政水压力。当主体封顶后，可以在上部增设屋顶临时水箱，利用重力供水。该方案对可再生地下水及市政水的利用，节约了市政用水及电能。工程正式用给水自动变频控制箱用于工程临时用水，虽增加了部分一次性投入，但提高了水泵的可靠性。自动变频装置根据压力变化对水泵进行变频启动，避免了工频启动不必要的高速转动产生的噪声污染，以及持续工频加压压力过高导致管道爆裂的危险，保证了管路的压力恒定，既满足生产供水需要，又增加了安全稳定性。加压原理图如图 6.2 - 4 和图 6.2 - 5 所示。

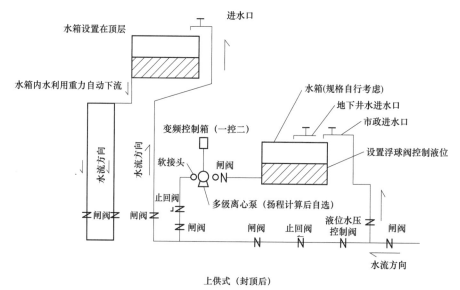

图 6.2 - 4　加压原理图（主体施工阶段）

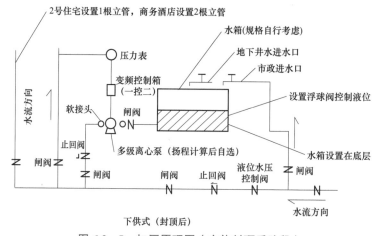

图 6.2 - 5　加压原理图（主体封顶后阶段）

3. 混凝土养护节水技术

混凝土养护节水技术是指混凝土成形后，采用薄膜覆盖包裹、喷涂混凝土养护剂、专用节水保湿养护膜、自动喷淋养护等节水养护工艺。

（1）薄膜覆盖包裹养护。使用塑料薄膜、薄膜+麻袋、薄膜+草帘等材料紧贴成形混凝土裸露表面，搭接覆盖包裹完好，保持塑料薄膜内凝结水，达到养护节水的目的。薄膜覆盖包裹养护如图6.2-6所示。

图6.2-6 薄膜覆盖包裹养护

（2）混凝土养护剂。采用现代高科技制备的一种新型高分子制剂，是一种适应性非常广泛的液体成膜化合物。该产品为水性，无毒不燃，使用方便。

1）利用特定功能有机高分子的快速凝胶化特点，短时间可附着在混凝土表面，具有双膜层特性，通过交联强化凝胶网络空间结构，提升保水保湿的功能。

2）将溶液用喷枪喷涂在混凝土表面上，在混凝土表面形成一层塑料薄膜，将混凝土与空气隔绝，阻止其中水分的蒸发以保证水化作用正常进行。可提高混凝土的早期强度，缩短养护周期，减少用水量。

3）喷涂养护剂适用于不易洒水养护的异形或大面积混凝土结构。对楼板和框架柱的养护效果好，薄膜不透气、不透水，养护节约用水。混凝土养护剂养护如图6.2-7所示。

图6.2-7 混凝土养护剂养护

（3）专用节水保湿养护膜。以新型可控高分子材料为核心，塑料薄膜为载体，黏附复合而成。

1）高分子材料可吸收自身重量 200 倍的水分，吸水膨胀后成透明的晶状体，把液体水变为固态水，然后通过毛细管作用，源源不断地向养护面渗透，同时又不断吸收养护体在混凝土水化热过程中的蒸发水。

2）养护薄膜能保证养护体相对湿度满足工程要求，有效抑制微裂缝，提高混凝土的早期强度，缩短养护周期，保证工程质量，有效降低用水量。

3）养护薄膜能把混凝土表面敞露的部分覆盖，适用于大面积混凝土结构和立柱。混凝土薄膜养护如图 6.2－8 所示。

图 6.2－8　混凝土薄膜养护

（4）自动喷淋养护。根据混凝土表面实时温度和相对湿度控制喷雾装置对混凝土墙面进行喷雾养护。该方法自动化程度高，安装简便，节水效果显著。

自动喷淋养护是在墙体上固定 PVC 管，管身用电钻开孔，间距 200mm，或安装喷雾装置，与供水管连接后自动喷雾养护，以保持混凝土表面湿润。自动喷淋养护可解决外墙混凝土养护范围大、养护时间长、墙体上存不住水等难点，且减少了用水量。

自动喷淋养护适用于大面积立墙混凝土养护。自动喷雾养护如图 6.2－9 所示。

图 6.2－9　自动喷雾养护效果图

4. 砌体喷淋湿水技术应用

在砌体堆场采用喷淋装置浇水，比传统的人工用水管浇水喷洒覆盖面更大，质量更易保证，能有效节约用水。砌体加工区及砌体堆放场地的喷淋系统是根据每堆砌体的位置及场地布置喷淋管，保证横管两面都能喷淋浇砖。喷淋的钢管材料与主干道一致，在喷淋场地坡度最低处设置一个沉淀池，浇砖后的水可再利用。

砌体喷淋湿水技术适用于施工现场大面积使用砌体材料且施工周期短的工程部位，确保砌体在砌筑时保证砌体材料的湿度，保证施工质量。砌体喷淋湿水如图 6.2-10 所示。

图 6.2-10　砌体喷淋湿水实图

5. 洗车池循环用水装置应用

洗车池循环用水装置是将洗车时用的水经过沉淀池分级过滤完后再重复利用的过程。在洗车池附近设置循环水池，循环水池三级沉淀，运用高差排水，控制好高程，与市政污水管网接驳。过滤后的水可用作清洗车辆的水源，经循环沉淀多余的水自然排到市政管网，可节约水资源。洗车池循环用水装置如图 6.2-11 和图 6.2-12 所示。

图 6.2-11　自动洗车槽三级沉淀池示意图

图 6.2-12　洗车池循环用水装置

6.2.2 生活用水

1. 供水循环控制系统技术

供水循环控制系统技术是通过水泵房变频控制柜对生活水泵和消防水泵参数进行设置，对施工现场的水表计量数据进行实时监测、采集至中控室存储，对能源使用的异常情况进行预警、检查和排除的技术。通过设定阈值，对水泵系统装置开启进行控制，对故障及隐患及时故障预警处理，对用水进行梯级管理，达到节水节能的效果。供水循环控制系统如图6.2-13和图6.2-14所示。

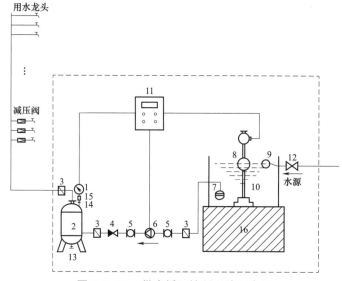

图 6.2-13　供水循环控制系统示意图

图 6.2-14　供水循环控制系统实图

2. 微电脑感应用水控制技术

微电脑感应用水控制技术是以微电脑定时器为装置中心，安装在用水管路上，可定时感应控制用水量的技术。根据需求任意设定时间段自动按时冲水，具有走时准确、操作方便等特点。配合安装使用红外传感器对现场来人进行自动探测，微电脑接收信号后发出指令，控制电磁阀自动注水进行冲洗。

　　浴室中管道安装洗澡计时控水器，用卡控制阀门开关，将卡放在感应区自动出水，拿开自动断水，控制用水时间，减少用水量。微电脑感应用水控制技术应用如图 6.2 – 15 和图 6.2 – 16 所示。

图 6.2 – 15　卫生间感应用水控制系统

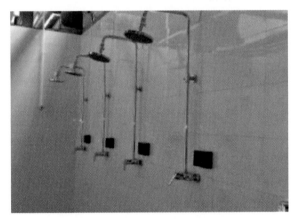

图 6.2 – 16　浴室感应用水控制系统

6.3　水　资　源　利　用

6.3.1　地下水使用和保护

1. 地下水使用和保护管理

　　地下水使用和保护管理是指对场地及周围的地下水及自然水体的水质、水量进行保护，减少施工活动负面影响。

　　从事地表水位以下的挖土作业时，进行降排水设计；基坑降排水采用动态管理技术，减少地下水的开采。注浆施工前，对地下地质情况进行细致考察，尤其对地下水源情况，应编制详细的施工方案，制定防止污染水源的措施。施工现场使用带水作业工艺时，应及时处理废水，防止渗入地下，污染地下水源。

2. 地下水使用和保护的措施及方法

（1）基坑降水利用技术。

基坑降水是指施工前经过钻探勘察后发现地下水位埋深较浅，直接影响到基坑的开挖稳定和后续施工，在基坑周围或在基坑内设置排水井，以降低地下水水位，减少地下水在基础施工过程中对基坑的影响。

基坑开挖必须在无水条件下进行，降水方式分为坑内、坑外降水两种。

1）坑外降水：若基坑周围无沉降控制管线，建筑基础采用坑外降水能减小主动区土压力。

2）坑内降水：在不允许坑外降水的情况下采用止水帷幕做坑内降水。

基坑降水利用技术提高了水资源利用率，减少水资源浪费，节能降耗。基坑降水利用技术适用于所有工业与民用建筑工程的基坑降水工程。基坑降水利用技术应用如图 6.3-1～图 6.3-3 所示。

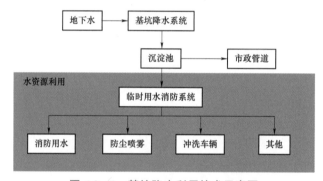

图 6.3-1　基坑降水利用技术示意图

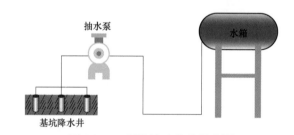

图 6.3-2　基坑降水收集示意图

图 6.3-3　基坑降水利用示意图

（2）地下水回灌技术。

地下水回灌技术主要通过井点回灌方法，将井点降水抽出地下水通过回灌井点再灌入地基土层内，水从井点周围土层渗透，在土层中形成一个与降水井点相反的倒转降落漏斗，使降水井点的影响半径不超过回灌井点的范围。这样，回灌井点就以一道隔水帷幕，阻止回灌井点外侧的建筑物下的地下水流失，使地下水位基本保持不变，土层压力仍处于原始平衡状态，从而有效地防止降水井点对周围建筑物的影响。

地下水回灌可以减少水资源的浪费，保护地下水资源，防止地面沉降。地下水回灌技术适用于深基坑施工，周边建筑物较多的桥梁基础工程。地下水回灌如图6.3-4和图6.3-5所示。

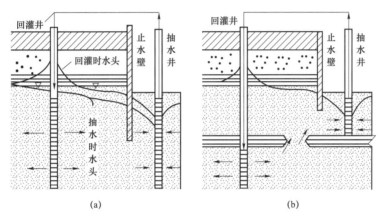

图 6.3-4 地下水回灌示意图

图 6.3-5 地下水回灌实图

6.3.2 非传统水源利用

1. 非传统水源的管理

根据工程实际，结合当地气候特征，优先选用非传统水源，如雨水、市政中水等。非传统水源经过处理和检验合格后，可作为施工和生活用水。非传统水源管道与市政用水管道严格区分并明确标识，防止误接、误用。宜建立雨水收集系统，储存并高效利用回收的雨水。制定合理的地表雨水径流管理计划，降低地表径流，减少雨水径流的流量和流速；通过采用可渗透的管材、路面材料等措施增加雨水径流的渗透量，使雨水能够回渗，保持水体循环。

2. 非传统水源利用

（1）雨水回收利用系统。

雨水收集系统是将雨水通过室外沉淀池收集、沉淀，引入至过滤池，经过滤后再引入雨水收集池的一整套系统。沉淀后的雨水进入现场施工临水系统和消防系统，作为施工用水及消防用水，减少水用量，节省成本。雨水收集系统充分利用正式集水坑、消防水池，仅安装架设少量可周转使用排水管道、安装临时加压水泵等，一次投入成本低，也减少了施工用水、消防用水费用的投入，取得了很大的经济效益明显。

雨水回收利用系统适用于大型市政道桥工程。雨水循环利用如图 6.3−6～图 6.3−9 所示。

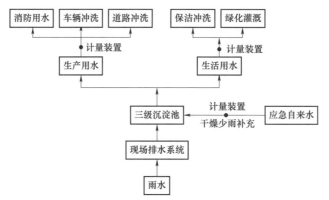

图 6.3−6　雨水循环利用系统示意图

图 6.3−7　雨水收集池

图 6.3−8　雨水收集实图

图 6.3-9　雨水利用实图

（2）雨水收集回用系统在施工中的应用。在建筑施工中，需要大量的水，用于消防、降尘、冲洗、冲厕、养护等过程中。雨水收集回用系统就是将天降雨水根据需求进行就地收集，并经过一定处理后达到符合设计的使用水标准进行利用的综合措施。雨水收集回用系统主要包括雨水弃流、雨水收集、储存及后期处理净化后的直接利用，如图 6.3-10 所示。

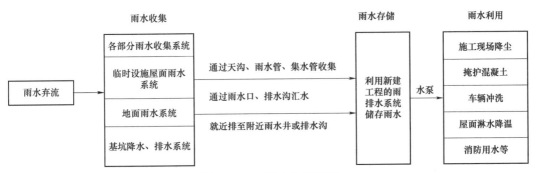

图 6.3-10　雨水收集系统

雨水中的污染物主要来自两个方面，空气中的粉尘颗粒物、可溶性有害气体和建筑物或路面上的颗粒污染物。雨水处理的关键是初期雨水的弃流及杂质和悬浮物的去除。目前大多数雨水收集回用系统，占地面积大、需要设备较多，技术也相对复杂，有些还需人工操作，从而有投资高、运行管理复杂等缺点。因此，目前多推广使用 PPB 模块雨水收集储存设施，PPB 雨水模块如图 6.3-11 所示。

PPB 模块为一种新型的雨水收集储存设施，采用 100%可回收的再生改性聚丙烯塑料为原料，安全环保，可循环利用。PPB 模块雨水收集回用系统，克服了目前大多数雨水收集回用系统的不足，提供了一种占地面积小、设备简单、运行稳定、经济有效的雨水收集回用系统。该系统包括顺序相连通的雨水弃流过滤装置、前置雨水处理装置、PPB 模块蓄水池、雨水回用装置、全自动反冲洗装置、排泥装置等单元。经过弃流及前置过滤处理的雨水可达到城市杂用水（绿化、道路冲洗等）水质标准。其工艺流程如图 6.3-12 所示。

图 6.3-11　PPB 雨水模块

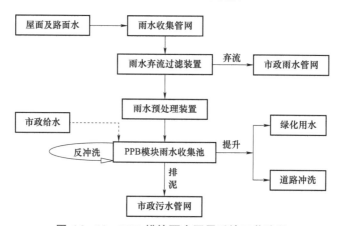

图 6.3-12　PPB 模块雨水回用系统工艺流程

（3）中水回收利用系统。

将厨房洗菜水、洗衣水、淋浴水等用水进行收集，引入沉淀池，沉淀后污水再经过中水处理设备处理，去除其中洗洁精、洗浴液、油渍、污泥、悬浮颗粒等污染物，处理后的水水清无味、无泡沫，可用于生活区的绿化浇灌、车辆冲洗、道路冲洗、厕所冲洗等，从而达到节约用水的目的。在中水回收池的澄清池内设置一台 1.2kW 潜水泵，将澄清池内的清水抽入蓄水箱内，安装计量表记录使用情况。中水回收利用系统如图 6.3-13 和图 6.3-14 所示。

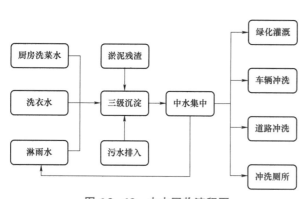

图 6.3-13　中水回收流程图

图 6.3-14　中水回用设备

第 7 章

节能与能源利用措施及实施重点

节能与能源利用要点包括：建立节能和能源利用管理制度，制定施工能耗指标，明确节能措施；优先使用国家、行业推荐的节能、高效、环保的施工设备和机具，选用变频技术的节能施工设备等；合理布置临时用电线路，选用节能器具，采用声控、光控和节能灯具；建立施工机械设备档案和管理制度，机械设备定期保养维修；合理安排施工顺序及施工区域，减少作业区机械设备数量，充分利用设备资源共享；根据当地气候和自然资源条件，充分利用太阳能、地热能、风能等可再生能源。本章从节能管理、节能措施及方法、可再生能源利用等方面进行介绍。

7.1 节 能 管 理

7.1.1 现场用电管理

制定施工用电管理制度，设定生产、生活、办公和施工设备的用电控制指标，定期进行计量、核算、对比分析，并有预防与纠正措施。施工现场的生产区、生活区、办公区用电单独计量，建立台账。加强现场人员节电教育，做到人走灯灭，控制长明灯现象，节约用电。采用节能型灯具和光控开关设置，临时用电设备宜采用自动控制装置。规定合理的温、湿度标准和使用时间，提高空调的运行效率，运行期间关闭门窗。作业过程加强对供电线路、配电系统的检查、维护，及时消除系统存在的各种隐患，防止用电量过载，避免发生短路起火等安全事故。现场用电设施应及时断电，避免无功空转，施工现场宜错峰用电。使用电焊机二次降压保护器，提高安全性能，降低电能消耗。

7.1.2 现场燃料管理

制定现场燃料管理制度，设定燃料控制指标，定期进行计量、核算、对比分析，并有预防与纠正措施。定期将实际单位耗油量与额定油耗量进行比较、分析、评价，建立台账，采取有效措施降低油耗。机械设备宜使用节能装置、节能型油料添加剂、优质燃料，减少油料消耗和废气排放。按期对用油车辆、设备进行维护和保养，提高设备完好率、利用率，对修理替换下来的废机油要综合利用。施工现场宜使用清洁能源，降低煤和木质燃料的使用。

7.2 节能措施及方法

7.2.1 现场用电

1. 生活区 36V 低压电源技术应用

36V 低压照明是为了保障生活区人员生命财产安全，有效控制大功率用电器的使用，减少宿舍内乱拉乱扯现象，降低生活区发生火灾的概率，运用变压设备将 380V 高压电依次降低为 220V、36V 后供给生活区日常照明。在宿舍安装 USB 低压充电插座，接入 36V 交流输入电压，能够通过数据线直接为各种手机充电，解决手机充电造成的安全隐患及丢失等问题。生活区 36V 低压电源适用于采用板房的生活区。强弱电控制开关如图 7.2－1 所示，低压（36V）变压器如图 7.2－2 所示。

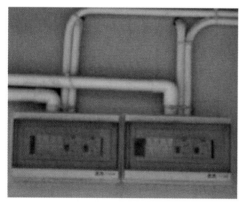
图 7.2－1 强弱电控制开关

图 7.2－2 低压（36V）变压器

2. 建筑施工中楼梯间及地下室临电照明的节电控制装置应用

在建筑施工中，无自然采光的楼梯间及地下室，以及夜间施工时必须安装施工照明装置。临电照明设施安装好后，在临电控制线路中设置大功率远距离遥控开关、时控开关及交流接触器。通过多路遥控开关、时控开关控制交流接触器触头断开、闭合，实现对临电照明电路的自动控制。

临时照明的节电控制装置解决了用电浪费的问题，从而达到绿色环保、节约电能的目的。同时也提高了人性化管理水平，进行遥控操作，在办公区就能进行远距离控制。并且临时照明节电控制装置可周转使用，分摊投入成本。临时用电照明节电控制装置适用于各类建筑工程的地下、楼梯间等处施工临时照明和生活照明设备。配电箱应用如图 7.2－3 和图 7.2－4 所示。

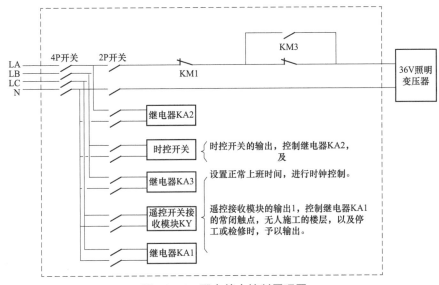

图 7.2 - 3　配电箱内控制原理图

图 7.2 - 4　配电箱实图

3. 施工现场 LED 照明技术应用

一般施工现场照明均采用普通灯照明，其发光原理是由电能转化为内能，使得灯丝温度升高，当温度达到一定的温度才能发出可见光，照明耗电量大。LED 灯是一种能够将电能转化为可见光的固态半导体器件，它可以直接把电能转化为光能，具有体积小、耗电量低、使用寿命长、高亮度、低热量、抗震能力强、低电压驱动、环保等优点。

LED 照明技术采用的灯具基本使用 DC 36V（安全特低压），大功率的用 AC 200V，不易造成电路短路起火、触电等事故。LED 灯具发光角度可调，不易造成眩光等光污染，可有效减少 CO_2 的排放。LED 照明技术中使用声光控制延时开关和时间控制开关，科学、人性化地实现灯具的开启和关闭，更节能；同时可有效缩短灯具使用时间，提高使用寿命，减少维护成本。但是 LED 灯功率、光量和投射距离有限，不适用于远距离照明；分辨率低，不推荐在机械加工区域使用。LED 照明技术适用于施工现场办公区、道路、工人生活区安保等需要长期照明的区域。LED 照明应用如图 7.2 - 5～图 7.2 - 9 所示。

图 7.2 – 5 起重机 LED 灯照明

图 7.2 – 6 现场 LED 路灯照明

图 7.2 – 7 地下室 LED 灯照明

图 7.2 – 8 施工通道 LED 灯照明

图 7.2 – 9 办公区 LED 灯照明

4. 定时控制技术应用

定时控制技术是指在开关箱内增加时钟控制器和接触器，通过回路连接可定时控制开关。该方法既可手动调节控制，也可设置自动控制。同时可根据用户设定的时间，自动打开和关闭各种用电设备的电源，操作灵活方便。定时控制技术既节省了电能，又可周转使用，降低了成本。

定时控制技术适用于现场的加工场、围挡及生活区临时照明等，也适用于水泵、空调机、开水器、卫生间冲水器等动力设备的定时控制。时钟自动控制器如图 7.2 – 10 所示。

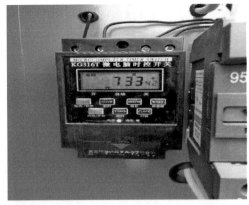

图 7.2 - 10　时钟自动控制器

5. 限电器在临电中的应用

限量用电控制器又名智能负载识别器、宿舍限电器（以下简称限电器），由超负荷检测电路、延时检测电路、报警发声电路及桥式整流稳压电路组成。限电器接线示意图如图 7.2 - 11 所示。

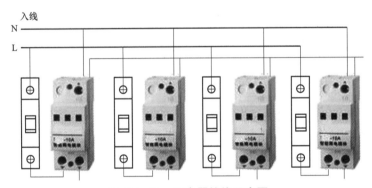

图 7.2 - 11　限电器接线示意图

限电器正常工作时，通过实时检测所接电路的电压、电流、相位差来分析和计算线路的负载性质，当检测到阻性负载功率或总功率超过其设定值时，自动切断电源。其主要功能特点如下：

（1）自动识别功能。根据电器负载功率的特点，准确、有效、快速识别出违规电器，并限制其使用。

（2）总功率可调。限电模块的总功率可根据用户实际用电总功率任意设定。

（3）限电负载功率可调。根据违规电器的负载功率可在一定范围任意设定其限电功率。

（4）自动恢复功能。使用违规电器或超过设定的总功率引起的断电，在电热负载移除后，通过延时自动恢复供电。

与传统漏电断路器相比，限电器的应用能有效防止使用大功率危险用电设备及用电不规范而导致的火灾等重大事故的发生；限电器还可有效地解决用电浪费的问题，降低用电总量。限电器适用于临时办公区和生活区的临时用电。限电器应用如图 7.2-12～图 7.2-14 所示。

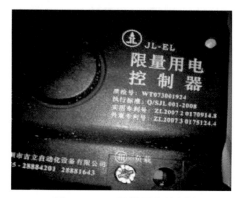

图 7.2-12　限量用电控制器

图 7.2-13　配电箱内配线

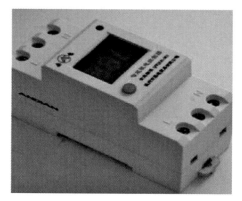

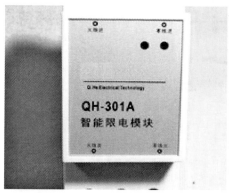

图 7.2-14　限量用电控制器

6. 节电器在施工用电中的应用

目前建筑市场施工机械设备较为陈旧，施工用电功耗较大，工业用电环境中的瞬流污染也日益严重，因此节电器在建筑市场中应用日益广泛。

节电器是指采用高压滤波和能量吸收技术，自动吸收高压动力设备反向电势的能量，并不断回馈返还给负载，节省用电设备从高压电网上吸取的电能的装置。节电器利用国际先进的高压电参数优化技术、正弦波跟踪技术及纳米技术和组件，抑制和减少供电线路中的冲击电流、瞬变及高次谐波的产生，净化电源、提高高压电网的供电品质，大幅降低线路损耗及动力设备的铜损和铁损，提高高压用电设备的使用寿命和做功效率，在使用过程中既节省了电能又可大幅降低设备运营成本。

节电器一般分为照明灯具类节电器和各动力类节电器，节电器的种类有照明节电器、箱式节电器、空调节电器、电机节电器。下面以电机节电器为例介绍节电器。

电机节电器的核心技术是动态跟踪电机负载量的变化，调整电机运行过程中的电压与电流（0.01s 内完成动作），在不改变电机转速的情况下，保证电机的输出转矩与实际负荷需求精确匹配。目前采用世界上最先进的第五代节电产品，不仅能保障电机的正常运行，延长使用寿命，而且能有效避免电机因出力过度造成的电能浪费，具有很好的动态节电效果。电机节电器适用于施工用电量大、大型机电设备多、工程工期较长的项目。电机节电器如图 7.2－15 所示。

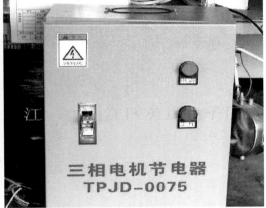

图 7.2－15　电机节电器

7. 无功功率补偿装置应用

无功功率补偿的设备主要有同步补偿机和并联电容器，施工现场主要采用并联电容器装置。通过安装电容补偿装置后，人为地提高了功率因数，改善了设备运行性能，降低变压器的无功功率损耗，从而降低电能的损耗。这种方法补偿效果好，安装简单，运行维护方便。

无功补偿的核心在于补偿设备功率因数同时减少无功倒送及控制谐波分量。无功补偿控制器可以根据线路无功功率的变化，自动投入切除电容，达到无功的自动平衡。电容器能减少谐波的影响，抗干扰能力较好。通过无功补偿之后，提高了功率因数，可以改善电压质量，降低输电线路的电流，减少输电线路发热，减少电能损失，达到节能目的。无功功率补偿装置适用于现场施工设备多、设备功率大、周期长的各类大型工程。无功功率补偿控制器如图 7.3.1－16 所示。

图 7.2－16　无功功率补偿控制器

8. 变频技术在施工现场的应用

　　变频技术是通过变频器改变电机工作电源频率方式来控制交流电动机的技术。变频器主要由主回路（包括整流器、滤波器、逆变器）、制动单元、驱动单元、检测单元及微处理单元等组成。变频器靠内部 IGBT 的开断来调整输出电源的电压和频率，根据电机的实际需要来提供其所需要的电源电压，进而达到节能、调速的目的。另外，变频器还有很多保护功能，如过流、过压、过载保护等。随着建筑业施工自动化程度的不断提高，变频器也得到了非常广泛的应用。

　　变频器目前广泛应用于起重机、水泵等各种大型建筑机械设备控制领域，它可减少设备的冲击和噪声，延长设备的使用寿命。传统塔吊、升降机、水泵起重机采用挡板和阀门进行流量调节，电动机转速基本不变，耗电功率变化不大。采用变频技术后，其转速降低，节能效果非常明显。并且使机械系统简化，操作和控制更加方便，有的甚至可以改变原有的工艺规范，从而提高了整个设备的功能。

　　目前变频器的制造专门化、一体化和智能化，可使变频器在某一领域的性能更强，使变频器成为电动机的一部分，体积更小，控制更方便，不必进行很多参数设定；本身具备故障自诊断功能，具有高稳定性、高可靠性及实用性；利用互联网可以实现多台变频器联动，形成综合管理控制系统。变频器适用于施工现场的大型起重、供水等设备。变频技术应用如下图 7.2－17～图 7.2－22 所示。

图 7.2－17　变频起重机　　　　　图 7.2－18　起重机变频器

图 7.2-19　变频施工升降机

图 7.2-20　升降机变频器

图 7.2-21　变频加压供水设备

图 7.2-22　供水变频器

9. 智能自控电锅炉系统应用

目前，建筑工人临时宿舍冬季取暖措施使用的是电暖气，保温效果差，并有较多的安全隐患。智能自控电锅炉系统以清洁的电力为能源，以水为导热介质，运用水电分离技术，将电能高效转化为热能，具有无污染、无噪声、节能、环保、安全、卫生等优势，并且可以设定温度和时间，间歇性加热，节约了电能。安全性能方面，设有防漏电、防高温、防干烧、水位监测、防冻等全自动保护装置，增加了产品的安全性和稳定性。智能电采暖锅炉由加热器、微电脑智能遥控、LED 数显控制板和外壳组成，适用于生活办公场所的供暖。智能自控电锅炉如图 7.2-23 所示。

图 7.2-23　智能自控电锅炉

10. 漂浮式施工用水电加热装置应用

漂浮式施工用水电加热装置是一种安全、环保的施工用水加热设备，可自行制作，用来取代传统的施工用水加热方式，可提高加热效率并节约能源。

漂浮式施工用水电加热装置由浮球、加热管、支架三部分组成，能浮于水面上。注水、出水时液面变化，该装置可随着水面上下变动，可防止因液面下降造成加热管裸露出水面而烧毁；支架比加热管长，可以防止水位比较浅时加热管触底烧毁。漂浮式施工用水电加热装置适用于施工现场混凝土搅拌站用水以及其他冬期施工需要进行水加热的场所。

7.2.2　现场燃料

1. 醇基燃料替代钢瓶液化气应用

醇基燃料是以醇类（如甲醇、乙醇、丁醇等）物质为主体配置的燃料，以液体或者固体形式存在。醇基燃料是一种生物质能，与核能、太阳能、风能一样，是各国政府大力推广的环保洁净能源。面对化石能源的枯竭，醇基燃料是最有潜力的新型替代能源，深受各国企业组织的青睐。醇基燃料生产易得，将来可以像酿酒一样获得。

生物醇油是以醇基燃料为基础新开发的一种环保生物燃料，在常温常压下储存、运输、使用，须只用普通金属或塑料容器就可以存储，无须高压钢瓶存储。工地食堂传统用火能源燃料为液化气，该气易燃易爆，安全隐患大。采用醇基燃料，消除了食堂的重大危险源，同时达到了节能环保的要求。醇基燃料适用于工业与民用建筑宿舍的供暖锅炉及食堂的灶具等燃料。醇基燃料应用如图7.2-24～图7.2-26所示。

图 7.2-24　醇基燃料使用

图 7.2-25　醇基燃料贮存

图 7.2-26　醇基燃料锅炉图

2. 两栖清淤船的应用

两栖清淤船是一种能耗少、效率高的机械设备，该机械可以通过快速连接器来连接诸如小型挖掘机等工具，替代了传统的清淤方式，减少燃料的使用，同时可以使用一个强大的双螺旋推进器在水中提供额外推进（见图 7.2 – 27）。该机器质量很轻，在水中阻力很小。因此，双螺旋推进器的推进力非常强，可以高效率完成工作，可用于清除河湖沉积物、杂草等。适用于城市水环境治理河道淤泥清理。

图 7.2 – 27　两栖清淤船

7.3　可再生能源利用

7.3.1　太阳能

太阳能是指太阳以电磁辐射形式向宇宙空间发射的能量。可将太阳能直接利用或转换为其他形式的能源加以利用。

1. 太阳能光热利用与光热转换（光热利用）

（1）光导管照明施工技术应用。

光导管照明又叫日光照明、自然光照明、管道天窗照明、无电照明等。系统通过采集太阳光的光导管照明系统能够把白天的太阳光有效地传递到室内阴暗的房间或者不适宜采用电光源的易燃易爆房间，可以有效地减少电能消耗，具备节能、环保、健康、使用寿命长等一系列优点。

目前光导管照明仅在少数企业和一些特殊建筑中有所应用，但是作为一种具有巨大发展潜力的绿色照明技术，光导管的应用有着良好的市场前景。将光导管技术与光纤照明系统、太阳能光伏系统、电力系统等相结合，进一步拓宽其应用范围，是光导管技术发展的必然趋势。

光导管照明系统无需电源，采用自然光照明，节省日间电力照明费用。系统导入的光线为自然光，不会产生炫光和频闪，从而避免了产生"灯光疲劳综合征"的问题。产品安装后无需维护，使用寿命一般为25年以上，材料可回收利用。光导管照明技术作为一种绿色照明技术正渐渐应用于工业厂房、学校、地下空间、体育场馆、展览馆、动物园、办公场所、别墅等建筑。光导管照明技术应用如图7.3-1～图7.3-3所示。

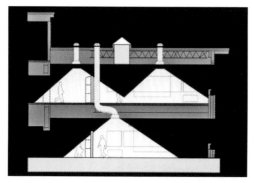

图7.3-1　光导管照明系统示意图

图7.3-2　光导管照明

图7.3-3　光导管照明应用

（2）太阳能生活热水系统应用（光热转换）。

太阳能生活热水系统是利用集热器收集太阳能热量，经过与热媒介质的换热过程将水加热，提供生活热水。系统组成一般包括集热器、贮水箱、辅助热源、连接管道、支架、控制系统等，其中集热器和辅助热源的选型对系统的性能影响最为直接。目前，真空管太阳热水器是太阳能热利用技术中最成熟，经济效益最显著的产品；辅助热源需要从供热量、布置和经济性角度进行分析，根据实际情况可选用燃气炉、电加热炉、热泵等。太阳能生活热水系统有分户式热水系统和集中式热水系统等。将太阳能热水系统与临时建筑结合，同步施工安装。太阳能生活热水系统适用于临时办公区和生活区的热水供应。太阳能生活热水系统如图7.3-4～图7.3-6所示。

2. 太阳能发电利用

（1）太阳能路灯应用。

太阳能路灯是利用太阳能电池板，白天接受太阳辐射能并转化为电能经过充放电控制器储存在蓄电池中，夜晚当照度逐渐降低，充放电控制器侦测到照度降低到特定值后蓄电池对灯头放电。

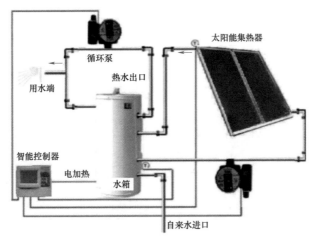

图 7.3－4 太阳能生活热水系统

图 7.3－5 集热器

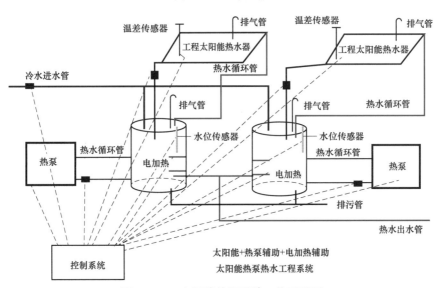

图 7.3－6 太阳能热泵系统工作原理图

太阳能路灯大体上由太阳能发电板、LED 芯片、灯杆、蓄电池组成，只需在路灯安装处设置混凝土基础即可完成安装并使用。太阳能路灯的开启时间可利用其自带的控制器调节设定，高效节能，免维护。LED 芯片是高性能的半导体材料，具有发光效率高、不消耗常规电能等特点。太阳能路灯节约成本效果明显，且因其一次性投入，安装数量越多，持续时间越长，其经济效果越显著。并且使用太阳能时不会污染环境，是一种清洁的能源。太阳能路灯适用于各类工程夜间道路照明及生活区照明（见图7.3-7）。

图 7.3-7　太阳能路灯

（2）太阳能光伏发电应用。

太阳能光伏发电是利用光伏电池将太阳能直接转换为电能的过程。基本原理为光生伏特效应，就是指半导体在受到光照射时产生光生电动势的现象。

光伏发电系统包括太阳能电池板、控制器和逆变器三大部分，主要由电子元器件构成，不涉及机械部件。光伏发电技术可将转化的电能进行存储，作为项目办公、生活用电，具有安全可靠、无噪声、无污染、获取能源短、一次投入、维护成本小等特点。太阳能光伏发电适用于光照资源丰富的地区。太阳能光伏发电如图7.3-8～图7.3-10所示。

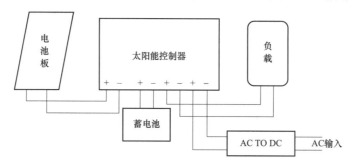

图 7.3-8　太阳能光伏发电系统原理图

图 7.3-9　太阳能光伏发电工程效果图

图 7.3 – 10　太阳能光伏发电工程效果图

7.3.2　地热能和地温能

地热能是地球地表内的岩石、热水和蒸汽中的可用热能，这种能量来自地球内部的熔岩，并以热力形式存在，应用于制热、采暖、烘干等多个领域。

地源热泵供暖空调系统是指陆地浅层地热资源通过输入少量的高品位能源实现由低品位热能向高品位热能转移的装置。浅层地热资源可以称之为地能，是指地表土壤、地下水或河流、湖泊中吸收太阳能、地热能而蕴藏的低温位热能。地源热泵供暖空调系统主要分三部分：室外地源换热系统、地源热泵主机系统和室内末端系统。地源热泵供暖空调系统的运行不消耗水也不污染水，可以建造在居民区内，没有燃烧，没有排烟，也没有废弃物，不需要堆放燃料废物的场地，且不用远距离输送热量。地源热泵供暖空调系统一机多用，应用范围广，可供暖、制冷，还可供生活热水；维护简单，费用低，可无人值守，寿命长。地源热泵供暖空调系统适用于临时办公区和生活区的供暖或制冷，适用于施工工期较长的大型工程。

7.3.3　空气能

空气能是指空气中所蕴含的低品位热能量，又称空气源。空气中的热量可以通过空气能热泵吸收热量并传到高温物体或环境，应用于制热、采暖、烘干等多个领域。

空气能热泵是利用空气中的能量来产生热能，能全天 24 小时大水量、高水压、恒温提供临时办公区和生活区不同热水、冷暖需求，同时又能以消耗最少的能源完成上述要求（见图 7.3 – 11）。空气能热泵是按照"逆卡诺"循环原理工作的，通过压缩机系统运转工作，吸收空气中热量制造热水。具体过程是：压缩机将冷媒压缩，压缩后温度升高的冷媒，经过水箱中的冷凝器制造热水，热交换后的冷媒回到压缩机进行下一循环。在这一过程中，空气热量通过蒸发器被吸收导入冷媒中，冷媒再导入水中，产生热水。空气能热水器不需要阳光，室外温度在 0℃以上即可承压运行，具有高安全、高节能、寿命长、不排放有害气体等优点。适用于临时办公区和生活区的热水供应。

图 7.3 – 11　空气能热泵

第8章

节地与土地资源保护措施及实施重点

建立节地和土地资源保护管理制度。合理布置施工场地，实施动态管理，施工临时设施不应占用绿地、耕地以及规划红线以外场地。合理利用山地、荒地作为取弃土场的用地，未经相关政府管理部门许可，不得在农田、耕地、河流、湖泊、湿地弃渣。在生态脆弱地区，施工完成后应进行施工区域内的植被和地貌的复原。本章从节地管理、节地措施及方法、节地措施及方法以及土地资源保护等方面进行介绍。

8.1 节 地 管 理

施工总平面图应当根据功能分区集中布置各类临时设施，合理规划。在施工实施阶段按照施工总平面图要求，设置临时设施、道路、排水、机械设备和材料堆放等占用的场地。因受设计变更、施工方法调整、施工资源配置变化、施工环境改变、施工进度调整等因素的影响，施工现场布置应实施动态管理，减少和避免临时建筑拆迁和场地搬迁。施工平面动态布置图如图8.1-1所示。

图 8.1-1 施工平面动态布置图

施工现场临时办公和生活用房采用多层装配式活动板房和箱式活动房等可重复使用的装配式结构，优先利用既有建筑物和既有设施。临时道路布置宜与原有及永久道路兼顾考虑，并充分利用拟建道路为施工服务，施工道路宜形成环路，满足各种车辆机具设备进出场和消防安全要求，方便场内运输。

　　施工现场材料仓库、钢筋加工厂、作业棚、材料堆场等布置宜紧凑，充分利用荒地、山地、空地和劣地；宜靠近现场临时交通线路，缩短运输距离，便于装卸。材料集中堆放，现场宜储备三天材料需用量，有效减少材料的堆放用地量。材料集中堆放如图8.1-2所示。

图 8.1-2　材料集中堆放

　　建筑物主体混凝土构配件宜采用预制技术，减少施工现场各类加工场占地。

　　施工前做好取、弃土场等工程临时占地的设计和恢复，做好土石方平衡，减少运土量和运土距离，减少土地占用，保护耕地。在满足环境保护和安全、文明施工的前提下，减少临时用地的废弃地和死角，使临时用地占地面积有效利用率大于90%。

8.2　节地措施及方法

8.2.1　临时设施可移动化节地技术应用

伴随着中国城市化进程的加速，市区内建筑密度越来越大。建筑工程施工场地狭小已成为城市内工程建设的最普遍的问题。高楼大厦高耸林立，为城市改造、拆旧建新带来较多的施工难题，施工场地狭小就是其中一个不可回避的问题。为解决这些问题，应用临时设施可移动化节地技术，能有效减少资源浪费，节省占地面积。

展示样板、钢筋地笼、材料堆放架、废料池、门卫、茶水棚、集水箱、混凝土路面、箱式板房等设施都具有可吊装性，可在短时间内组装及拆卸，可整体移动或拆卸再组装，减少长期占地时间，场内可周转移动。

以展示样板为例。移动式非实体样板由方钢、钢板、滑轮等构件组成，能够起到灵活移动的作用，可以随着工程施工进展及现场平面部署灵活安放，从而减少资源浪费，节省占地面积。临时设施可移动化节地技术适用于所有项目。移动样板如图 8.2-1 所示。

图 8.2-1　移动式样板

8.2.2　钢材工厂化加工节地技术应用

建筑工程施工场地狭小已成为最普遍的问题，钢材加工厂布置缺少施工场地，可通过钢材工厂化加工配送的方式解决。钢材专业化加工主要由经过专门设计、配置的钢材专用加工机械完成，可套裁钢材，提高材料的利用率。使用高效率的数控钢材加工设备，生产效率高，加工成本低，加工精度高。

钢材工厂化加工的优越性在于既不受天气影响，也不受土建和设备安装条件的限制。现场条件具备时，将加工好的钢材集中加工配送。工厂化加工钢材，在施工时可减少高空作业和高空作业辅助设施的架设，节约施工用地，缩短施工周期，保证施工质量和安全。钢材专业化加工技术适用工业与民用建筑工程的钢筋制作、管道安装。钢材工厂化加工应用如图 8.2－2 和图 8.2－3 所示。

图 8.2－2　钢材工厂化加工车间

图 8.2－3　管道集中加工

8.2.3　预留楼板设置料具堆场应用

对于场地狭小的项目，可将地下室底板或进行加固后的顶板作为周转材料的临时堆放场地；对于项目单层面积较大的，实行分段流水作业，让一部分结构作为另一部分结构施工时的周转材料的堆放场地，轮换施工。

项目根据起重机方位和自身楼层板特点，经过计算，采用碗扣式脚手架和扣件式钢管架共同加密加固，错位布设。选取预留部位作为料具堆场，堆场区域楼板强度达到设计要求后方可开始堆料，堆放材料不可超过对应区域的荷载限值。堆场内预留土建吊装孔，临边搭设安全防护，挂设密目网。堆场边界涂刷醒目油漆，设置标识牌，安排专人管理。堆场区域脚手架在堆场停止使用后方可拆除，拆除前需清除堆场内所有材料。

预留楼板设置料具堆场应用节约了堆料用地，提高了空间利用率；合理选取预留区域，近塔设置，方便物料转运；施工区与料具堆场进行转化，方便施工，节约成本。预留后浇楼板内预留料具堆场如图8.2-4所示。

图 8.2-4　预留后浇楼板内预留料具堆场

8.2.4　非开挖埋管技术应用

非开挖是指通过导向、定向钻进等手段，在地表极小部分开挖的情况下（入口和出口小面积开挖），敷设、更换和修复各种地下管线的施工技术。非开挖埋管技术能有效解决城市管线施工中拆迁或不能大面积开挖的难题，对地表和周边环境干扰小。非开挖埋管技术主要采用顶管铺管技术、夯管铺管技术和定向钻铺管技术。

顶管铺管技术是继盾构施工之后发展起来的一种地下管道施工方法。它不需要开挖面层，并且能够穿越建筑物、地下构筑物以及各种地下管线等。顶管施工借助主顶油缸及管道间中继间等的推力，把工具管或掘进机从工作井内穿过土层一直推到接收井内吊起。与此同时，也就把紧随工具管或掘进机后的管道埋设在两井之间，以实现非开挖敷设地下管道。顶管铺管技术适用于直接在松软土层或富水松软地层中敷设中、小直径管道，如图8.2-5和图8.2-6所示。

夯管铺管技术是一种用夯管锤将待铺的钢管沿设计路线直接夯入地层实现非开挖铺管的技术。夯管施工法仅限于钢管施工，一般使用无缝钢管，且壁厚要满足一定要求，管径范围为200~2000mm，铺设长度一般在80m内。锤击力应根据管径、钢管力学性能、管道长度、水文地质条件和周边环境确定，适用于黏土、粉沙土、泥流层、一般风化岩、含少量砾石地层等。

定向钻铺管技术是按预先设定的地下铺管轨迹靠钻头挤压形成一个小口径先导孔，随后在先导孔出口端的钻杆头部安装扩孔器回拉扩孔，当扩度孔至尺寸要求后，在扩孔器的后端连接旋转接头知、拉管头和管线，回拉铺设地下管线。适用于黏土、粉沙土、泥流层、一般风化岩、含少量砾石地层等。

图 8.2-5　顶管施工

图 8.2-6　顶管铺管技术

8.3　土地资源保护

8.3.1　土地保护管理

应覆盖施工现场的裸土，防止土壤侵蚀、水土流失。施工现场非临建区域宜采取绿化措施，减少场地硬化面积。优化基坑施工方案，减少土方开挖和回填量。优化场地平整方案，力求挖填方平衡，减少取土挖方量。

8.3.2　土地资源保护措施

对路基施工挖方及借土过程中，及时进行洒水，用稻草等进行覆盖；取土完成后，恢复其原有地貌和植被，防止水土流失。充分利用施工用地范围内原有绿色植被，宜保留并使用原地貌及绿化。因施工需要对植被造成破坏，应在完工后尽快对原有植被进行恢复。结合施工现场的永久绿化区域规划，在临时办公区和生活区、施工作业区周边进行施工现场的绿化布置，并在现场边角处等无法使用的零星场地进行绿化，提高场内绿化率。土方开挖过程中取土或弃土不许占用农田，弃土可用于造田。施工现场绿化如图 8.3-1 所示。

图 8.3 - 1　施工现场绿化

第 9 章

人力资源节约与保护措施及实施重点

人力资源节约与保护应当建立人力资源节约和保护管理制度，施工现场人员实行实名制管理。现场食堂应当有卫生许可证，工作人员应持有效健康证，关键岗位人员应持证上岗。针对空气污染程度应当采取相应措施，严重污染时应当停止施工。本章从人力资源的节约管理、人力资源保护管理、人力资源节约与保护的措施及方法等方面进行介绍。

9.1 人力资源节约管理

根据工程进度计划编制人员进场计划，合理投入施工作业人员。优化施工组织设计和施工方案，合理安排工序。建立劳动力使用台账，统计分析施工现场劳动力使用情况。采用机械化作业，减少人力投入，宜采用数字化管理和人工智能技术。

9.2 人力资源保护管理

制定施工防尘、防毒、防辐射等职业病的预防措施，保证施工人员的职业健康。定期统一组织员工体检，对职业危害岗位作业人员进行上岗前、在岗期间、离岗时的职业健康体检。员工定期体检如图 9.2 - 1 所示。

图 9.2 - 1 员工定期体检

合理布置施工场地，保护生活及办公区不受施工活动的有害影响。施工现场建立卫生急救、保健防疫制度，现场宜设置医务室，制订职业危险突发事件应急预案，在发生安全事故和疾病疫情时提供救助。现场医务室如图 9.2 - 2 所示。

图 9.2 - 2　现场医务室

制定食堂卫生、食材与生活用水管理制度，提供卫生、健康的工作与生活环境。加强对施工人员的住宿、膳食、饮用水等生活与环境卫生等管理，改善施工人员的生活条件。食堂管理如图 9.2 - 3 所示。

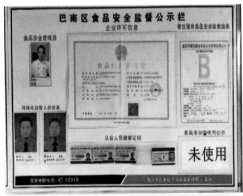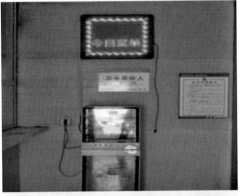

图 9.2 - 3　食堂管理

生活区的宿舍人均面积不得小于 2.5m²，每间宿舍居住人员不得超过 16 人。设置可开启式外窗。生活区设置满足人员使用的盥洗设备，器具清洁，卫生设施、排水沟及阴暗潮湿地带应定期消毒，厕所保持清洁，化粪池定期清掏。建立合理的休息、休假、加班等管理制度，减少夜间、雨天、严寒、高温天作业时间。夏季高温季节施工时，严格控制加班时间，宿舍内配备降温设备，设置沐浴间，现场供应防暑饮料，并备有防暑降温急救药品，做到劳逸结合。防暑降温急救品如图 9.2 – 4 所示。

图 9.2 – 4　防暑降温急救品

根据工程实际情况制订培训计划并编制培训课程，及时对员工，尤其是参与高危险性工作的员工进行安全和防护培训，培训内容包括但不限于工地安全知识及职业健康知识，并进行考核。安全、职业健康培训如图 9.2 – 5 所示。

图 9.2 – 5　安全、职业健康培训

为员工提供个人防护装备。个人防护装备是指员工在工作时所使用的装备。包括合格的安全帽、安全鞋、安全带、防护服、眼罩、手套、口罩、耳塞、减振器等，防护用品质量要符合国家有关标准或其他专业标准。施工作业防护用品如图 9.2 – 6 所示。

图 9.2 - 6　施工作业防护用品

　　现场的危险位置、设备、有毒有害物质存放等处应设置醒目的安全标志，同时应有应急疏散、逃生标志，应急照明等应急措施；野外施工时应有防止高温、高寒、高湿、高盐、沙尘暴等恶劣气候条件及野生动植物伤害应急措施。应急演练如图 9.2 - 7 所示。

图 9.2 - 7　应急演练

　　施工现场人车分流，并有隔离措施；在深井、密闭环境施工时，应设置通风装置，满足有限空间内作业的各项安全条件。

9.3　人力资源节约与保护措施及方法

9.3.1　管道机器人应用

　　管道机器人是一种可沿细小管道内部或外部自动行走、携带一种或多种传感器及操作机械，在工作人员的遥控操作或计算机自动控制下，进行一系列管道作业的机、电、仪一体化系统。管理机器人适用于市政管线的检测。管道机器人应用如图9.3-1所示。

管道机器人具有以下优点：

（1）安全性高。人工进入管道查明管道内部情况或排除管道隐患，往往存在较大的安全隐患，而且劳动强度高，不利于作业人员的健康。管道机器人智能作业可有效提高作业的安全性能。

（2）节省人工。管道检测机器人小巧轻便，一人操作即可完成作业。控制器可装载在车上，节省人工和空间。

（3）提高工作效率和品质。管道机器人智能作业定位准确，可实时显示日期时间、爬行器倾角、管道坡度、气压、爬行距离、激光测量结果、方位角度等信息，并可通过功能键设置这些信息的显示状态，镜头视角时钟显示管道缺陷方位的定位信息。

（4）防护等级高。摄像头防护等级 IP68 可用于 5m 水深，爬行器防护等级 IP68 可用于10m 水深，均有气密保护材质防水防锈防腐蚀，质量安全可靠。

图 9.3-1　管道机器人应用

9.3.2　预拌砂浆机械抹灰技术应用

预拌砂浆机械抹灰技术是利用抹墙机替代传统人工作业，自动给墙面抹灰的技术，操作过程是通过砂浆泵将预拌砂浆运送到抹墙机料斗内。该方法可抹墙面、门、窗、立柱及阴阳角抹灰，操作简单，效率高，实用性强。预拌砂浆机械抹灰技术适用于工业与民用建筑工程大面积墙面抹灰施工。预拌砂浆机械抹灰技术如图9.3-2～图9.3-4所示。

预拌砂浆机械抹灰技术具有以下优点：

（1）垂直度、平整度符合规范要求，墙面平亮光洁，工程质量好。

（2）可随意调节砂浆流量和速度，缩短工期。

（3）不需搭设操作平台，减轻了工人的劳动强度，提高了工作效率。

（4）黏结力强、无落地灰，比人工抹灰省灰料 20% 左右。

图 9.3 - 2　预拌砂浆机械抹灰作业

图 9.3 - 3　机械抹灰示意图　　　　图 9.3 - 4　预拌砂浆机械抹灰成品质量

9.3.3　砌砖机器人应用

砌砖机器人由传送带、机器手臂和混凝土机器泵组成，内置智能芯片，可通过编程来更新机器的代码。工作前按一定距离放在需要砌筑的墙壁前，混凝土机器泵喷出水泥覆盖在砖块上，将带有水泥的砖块一层层砌筑起来，能够连续砌砖；还能通过三维计算机辅助设计计算房子的形状和结构，通过 3D 扫描精确计算出每一块砖的位置，同时还可以智能地为管道和电缆预留空间。

砌砖机器人砌筑速度是人工的 3 倍，一小时可以砌 1000 块砖以上，与传统人工水泥砌砖相比，速度更快，效率更高，适用于工业与民用建筑大面积的墙体砌筑。砌砖机器人应用如图 9.3 - 5 和图 9.3 - 6 所示。

图 9.3 - 5　三维扫描自动识别砌筑

图 9.3-6　机器人砌砖实图

9.3.4　电动运输车应用

电动运输车是以电能为驱动进行运输作业的车辆，主要包括电动水平运输车、电动叉车和电动可升降运输车。

电动运输车运输砌块时，将需要运输的砌块放在托盘上，用电动水平运输车或电动叉车运至施工电梯处，将砌块连同托盘直接卸至施工电梯内运至施工楼层后，再用电动水平运输车转至施工部位。电动水平运输车也可随施工电梯和需运输的砌块一起直接运至施工部位。砂浆或其他散料运输原理同砌块运输，将托盘换成砂浆罐等容器即可。

电动运输车操作省时省力，可降低因运输不当造成的材料损耗，与传统工地手推车相比，无噪声，易维护，费用低。电动运输车适用于工业与民用建筑现场材料及构配件的水平运输。电动运输车作业如图 9.3-7～图 9.3-9 所示。

图 9.3-7　电动水平运输车作业

图 9.3-8　电动叉车水平运输作业

图 9.3－9　楼层材料运输作业

9.3.5　电动扫地车应用

电动扫地车是以电能为驱动进行清扫、吸尘作业的车辆,同时自带自动喷水降尘功能。它能够全面应用于清扫水泥地、沥青路面、毛石、水磨石、小方砖等路面,一小时可清扫 $8000m^2$,节约人力资源。电动扫地车适用于工业与民用建筑现场路面清理、房间保洁、地下室清扫等方面。扫地机器人如图 9.3－10 所示。

图 9.3－10　扫地机器人

第10章

现代信息技术应用

在当下对建筑要求日益提高的背景下，建筑与信息技术的融合成为必然趋势。信息技术为土木工程学科的发展带来新的机遇，智能化技术深度融合土木工程基础设施规划、设计、建造和养维护的全生命周期，为土木工程科学、技术与工程的发展带来深刻变革。物联网技术、BIM 技术、数字孪生技术、5G 技术等现代化信息技术应用于土木工程，将形成无人化、全自动、智慧化、实景体验的土木工程设计、建造、养维护和灾害管控的新技术。本章对"互联网＋"技术、物联网技术、BIM 技术、数字孪生技术、大数据技术、云计算技术、区块链技术、5G 技术、GIS 技术、虚拟现实技术进行介绍。

10.1 "互联网＋"技术

10.1.1 "互联网＋"技术概述

"互联网＋"代表一种新的经济形态，即充分发挥互联网在生产要素配置中的优化和集成作用，将互联网的创新成果深度融合于经济社会各领域之中。通俗来说，"互联网＋"就是"互联网＋各个传统行业"，但并不是简单地两者相加，而是利用信息通信技术以及互联网平台，让互联网与传统行业进行深度融合，创造新的发展生态。

"互联网＋建筑业"即传统制造业企业采用移动互联网、云计算、大数据、物联网等信息通信技术，改造原有产品及研发生产方式，与"建筑业互联网""建筑业 4.0"的内涵一致。"移动互联网＋建筑业"是借助移动互联网技术，传统建筑从业者可以在管理化平台、移动通信等网络产品上增加网络软硬件模块，实现用户远程操控、数据自动采集分析等功能，极大地改善了建筑业的管理与维护。"云计算＋建筑业"是基于云计算技术，一些互联网企业打造了统一的智能产品软件服务平台，为不同建筑设备生产的智能硬件设备提供统一的软件服务和技术支持，优化用户的使用体验，并实现各产品的互联互通，产生协同价值。

10.1.2 "互联网+"技术在绿色施工中的应用

1. 劳务实名制网络管理系统

劳务实名制管理系统能够实现信息采集、数据统计、智能管理、统一操控，收集与劳务人员相关的各种信息资料，使建筑施工总包方能够清晰掌握劳务分包人数、情况明细，做到人员对号、调配有序。

劳务实名制管理系统的核心优势在于能够将繁杂的事务性管理数字化和智能化，为建筑施工企业更快捷、精准、专业地掌控管理现场劳务人员情况与工程进度情况提供了便利。该系统将工程的管理要求、管理责任与履约保障三者合一，提升了企业的管理水平和管理效率。劳务实名制通道及食堂一卡通如图 10.1-1 和图 10.1-2 所示。

图 10.1-1　劳务实名制通道　　　　图 10.1-2　食堂劳务实名一卡通就餐

2. 远程能耗管理系统

远程能耗管理系统通过运用互联网技术将水、电、暖等能耗数据通过传感器传输到云端，进行集中管理、数据分析，最终达到节约能耗的目的。远程能耗系统具有三大功能：

（1）数据采集与处理。对现场节水、节电情况实时精准统计，为绿色施工效果评价提供可靠数据支持。

（2）报警功能。分析每时每刻临水临电实际用量，针对消耗量较大的设施或系统及时预警制定相应解决方案，以管控能耗、降低成本。

（3）曲线报表，对能耗高峰阶段不正常能耗曲线和峰值进行监测分析，有效监控临水跑冒滴漏，临电偷电、漏电以及大功率用电设备使用。

通过能耗监测信息化数据的采集，建立数据库，分析出同等类似项目施工各阶段临水、临电系统的用量情况。通过能耗监控系统及时发现现场临水临电偷漏跑冒现象，并提出相应解决措施，避免水电资源浪费现象，达到节水节电效果。远程能耗管理系统适用于各类工业与民用建筑的施工现场。远程能耗管理系统如图 10.1-3～图 10.1-8 所示。

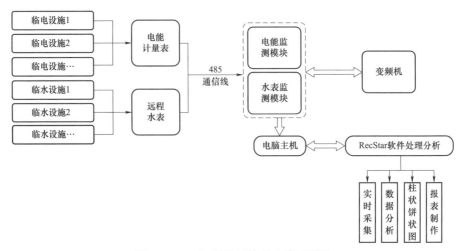

图 10.1－3　远程能耗管理系统原理图

图 10.1－4　监控系统主界面

图 10.1－5　临电系统监控图

图 10.1－6　临水系统监控图

图 10.1－7　临电临水系统结构图

图 10.1－8　临水临电能耗监控系统应用

3. 智能安全管控系统

智能安全管控系统是一款基于自主云计算及移动互联网的"系统+App"应用，包括管理系统计算机端及安全手机 App，涉及公司、分公司、项目部三个层级用户，集成多媒体培训工具箱、门禁、视频监控、PM10 及噪声监测等硬件，实现企业安全管理智能化。系统内置隐患标准知识库、安全风险因素库、国家安全法律法规知识库、事故案例视频库等，并及时更新，强大的知识库及各类表格支撑系统运行。

智能安全管理系统按照标准化要求，结合企业安全管理现状，主要包括以下功能模块：目标职责、制度化管理、教育培训、安全风险管理、隐患排查治理、应急管理、绩效考核、绿色施工管理等。智能安全管控系统如图 10.1-9 所示。

管理平台　　　　　　　　　　　　手机App

图 10.1-9　智能安全管控系统

10.2　物 联 网 技 术

10.2.1　物联网技术概述

物联网是指通过各种信息传感器、射频识别技术、全球定位系统、红外感应器、激光扫描器等各种装置与技术，实时采集声、光、热、电、力学、化学、生物、位置等各种信息，通过各类网络的接入，实现物与物、物与人的连接，实现对物品和过程的智能化感知、识别和管理。物联网是一个基于互联网、传统电信网等信息承载体，让普通物理对象形成互联互通的网络。

在工程项目建设过程中，物联网可以在生产管理系统化、安全监控和自动报警、提高工程质量、节约和合理管理物料等方面发挥积极作用。

10.2.2　物联网在绿色施工中的应用

1. 二维码技术应用

二维码又称二维条码，是用某种特定的几何图形按一定规律在平面分布的黑白相间的图形记录数据符号，可以通过图像输入设备或光电扫描设备自动识读以实现信息自动处理。

（1）建筑材料可生成对应的二维码，可查询原材料产品的信息、材料进厂信息、材料取样送检信息、材料验收信息、材料加工信息等，做到"一物一码"。不需要查询图纸和相关资料便能获取材料信息，达到对材料的精细化管理，减少因管理混乱而造成的材料浪费。材料二维码应用如图 10.2 - 1 所示。

图 10.2 - 1　材料二维码应用

（2）为现场劳务人员定制二维码。二维码信息包括姓名、年龄、头像、工种、健康情况、技术能力级别等。该二维码可以粘贴或印在工人安全帽上，管理人员可以通过工人安全帽上的二维码进行人员识别管理。人员二维码应用如图 10.2 - 2 所示。

图 10.2 - 2　人员二维码应用

（3）将安全技术交底、施工工艺、操作规程、工程建设常见安全问题等相关文档生成二维码张贴在展板或现场合适位置，使现场管理移动化，加深现场人员的安全意识。二维码技术交底和施工工艺应用如图 10.2 - 3 所示。

图 10.2 - 3　技术交底和施工工艺二维码应用

2. 智能安全帽应用

智能安全帽集成了视频监控、语音通话、定位技术等多种技术，可以实现安全帽佩戴智能检测、人员异常状态自动报警、人员一键 SOS 求救、北斗/GPS 全球定位、语音广播、实名制管理人员数据记录、数据实时传输等功能。

智能安全帽可应用于工地的实时监控查看和同步记录、远程技术支持、后台系统管理等，也可以应用于工地突发事件的语音通告应急指挥。智能安全帽与工地的视频监控、起重机监控结合使用，解决了固定监控覆盖有限，起重机高度高看不清、看不全的问题，可实现对工地全方位、无死角地随时监管，满足工程精细化管理的需要。

智能安全帽可缩短救援时间，实现全员安全管理。操作简单，现场全景真实展现；数据自动识别判定姿态。实名制管理，节省管理人力投入。数据实时分析，质量进度有效掌控。智能安全帽如图 10.2 - 4 所示。

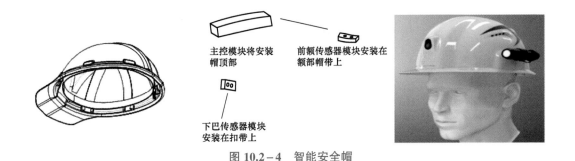

图 10.2 - 4　智能安全帽

3. 塔式起重机远程安全监控系统

保证起重机的安全正常运行，是施工建设安全工作的一项重要难题。塔式起重机（塔机）远程安全监控系统（又称起重机黑匣子），主要应用于塔机的实时监控，避免因操作者的疏忽或判断失误而造成的安全事故，可极大地保证塔机的安全使用。施工塔式起重机必须装备具有采集、记录、显示、传输、预警、报警功能的安全记录装置——起重机黑匣子。

起重机黑匣子可全程记录起重机的使用状况并能规范塔式起重机的制造、安拆、使用行为，控制和减少生产安全事故的发生。起重机黑匣子可有效避免误操作和超载，如果操作有误或者超过额定载荷时，系统会发出报警或自动切断工作电源，强迫终止违章操作；还可以对机器工作过程进行全程记录，记录不会被随意更改。通过查阅"黑匣子"的历史记录，即可全面了解到每一台塔机的使用状况，从而达到保护人力资源的目的。起重机远程安全监控系统如图 10.2 - 5 所示。

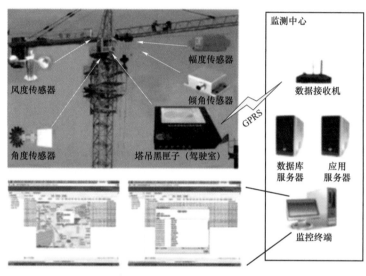

图 10.2 - 5　塔式起重机远程安全监控系统

4. 施工升降机远程安全监控系统

施工升降机安全监控系统针对施工升降机"非法人员操控施工升降机"和"安全装置易失效"等安全隐患进行智能监控。一方面通过高端生物识别技术，有效控防"人的不安全行为"；另一方面强化源头管理，通过对施工升降机监测，有效预防"物的不安全状态"。

施工升降机安全监控系统主要由人脸识别模块、维保提醒模块、防冲顶预警模块、防坠器检测模块、楼层呼叫模块、防超载模块及上下限位内外门检测模块等组成，系统创新高度测量模式，精准反映升降机位置及运行状态，辅助司机操作。智能驾驶员人脸识别，吊笼人员信息、人数快速统计，安全责任落实到个人；实时载重监测，超载预警，输出截断装置；系统运行数据实时上传，远程监测现场情况，突发事件快速反应。施工升降机远程安全监控系统如图 10.2－6 所示。

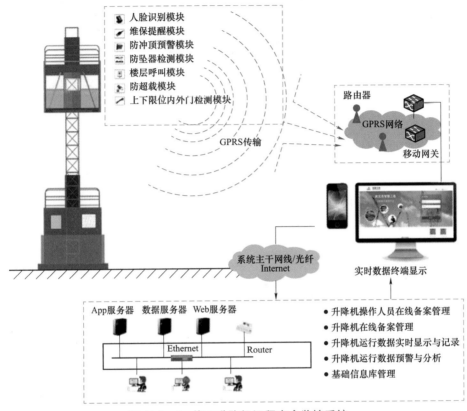

图 10.2－6　施工升降机远程安全监控系统

5. 现场环境监测系统

现场环境监测系统可以对施工现场的噪声、扬尘、风速等实现全天候自动定量监测，无须专人值守，提升工作效率。

现场环境监测系统可以记录和积累数据，并分析趋势，为改进施工环境提供分析基础。

6. 污水排放检测系统

污水排放检测系统可实时监测水质、排污量等多项数据，监测电动阀门的开关状态；具备实时数据、历史数据、报警数据的查询功能；利用多样的图形展示手段，进行实时、历史数据的展示，达到直观、清晰的效果；支持通过 GPRS 传输设备进行远程参数设置、程序升级；可设定污水 COD 上限值，COD 监测数据越限时系统可自动停阀，停止排污，并上报预警信息。污水排放检测系统中应用的传感器如图 10.2－7～图 10.2－9 所示。

图 10.2-7　悬浮物浓度传感器　　图 10.2-8　数字化 pH 计传感器　　图 10.2-9　UVCOD 传感器

7. 棒材自动计数系统

棒材计数系统依托于便携式棒材计数仪，通过拍摄钢筋等棒材的端面图像，实现进场棒材的自动点数与验收，可大大提高点数速度。管理人员通过系统保存现场照片和验收记录，可以有效监控材料验收作业，防止材料误报虚报。采用高精度图像识别算法，识别率可达 90%以上。可以提升清点效率，节约人力；通过对棒材的精细化管理，可以减少因管理而造成的材料浪费。棒材自动计数系统如图 10.2-10 所示。

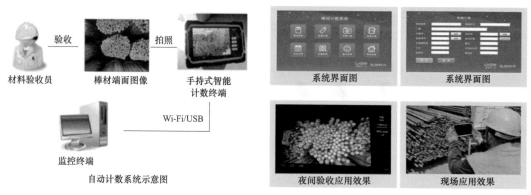

图 10.2-10　棒材自动计数系统

8. 红外热成像防火检测报警系统

红外热成像摄像机可通过云台在设定的位置之间不停切换，实现对所有预设位置之间的轮流监视，同时呈现可见光画面和热成像画面。在热成像画面上可设置危险温度，一旦监控画面中有超过危险温度的区域，监控会显示其当时温度并发出警报，及早采取相应措施，将火灾消灭在萌芽状态，有效防止火灾的发生。红外热成像防火检测报警系统应用如图 10.2-11 所示。

9. 远程视频监控系统

根据工程项目用地大小和特点，选用足够的球机和枪机配合，实现现场百分之百覆盖。视频监控系统可实现对各个监控点的实时图像监视、网络校时、录像资料查询等多项管理功能，从工人上下班、作业面安全行为监督、作业工人数量查询、防火、防盗等方面实现全动态管理。远程视频监控系统应用如图 10.2-12 所示。

图 10.2-11 红外热成像防火检测报警系统应用

图 10.2-12 远程视频监控系统应用

10.3 BIM 技 术

10.3.1 BIM 技术概述

BIM 技术是一种应用于工程设计、建造、管理的数据化工具，通过对建筑的数据化、信息化模型整合，在项目策划、施工、运行和维护的全生命周期过程中进行共享和传递。其核心是通过建立虚拟的建筑工程三维模型，利用数字化技术，为模型提供完整的、与实际情况一致的建筑工程信息库。该信息库包含描述建筑物构件的几何信息、专业属性、状态信息和运动行为的状态信息。借助该包含建筑工程信息的三维模型，大大提高了建筑工程的信息集成化水平，从而为建筑工程项目的相关利益方提供了一个工程信息交换和共享的平台。

应用 BIM 技术可实现施工方案模拟与优化、场地优化布置、管线综合排布、关键工艺模拟、信息化施工管理、建筑性能分析等功能，在减少返工量、提高生产效率、节约材料、节约土地、缩短工期和固体废弃物减量化方面发挥着重要作用。

10.3.2　BIM 技术在绿色施工中的应用

1. 施工方案模拟与优化

传统施工方案或措施通过规范、规定和经验编制，以文字的形式进行交底，无法进行有效的实体验证。BIM 技术可以对施工方案的可行性和措施的严谨性进行验证。

（1）立体表达密集钢筋绑扎节点的钢筋排布。传统设计图只能用数字辅以剖面图来表示，但钢筋按规范要求需要的措施长度和具体安装方式无法表达；应用 BIM 技术可以直观且立体地表达出密集钢筋节点的钢筋排布方式，对施工可行性和矛盾点提前进行模拟和预警，从而达到缩短工期，提高施工效率的目的。

（2）模拟钢结构节点部位立体详图。对钢结构安装进行三维模拟，避免钢结构节点构件加工出现偏差，减少材料、成本和工期多重浪费。钢筋深化节点如图 10.3 - 1 所示，复杂钢结构节点设计如图 10.3 - 2 所示。

 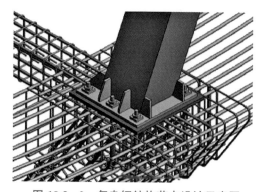

图 10.3 - 1　钢筋深化节点示意图　　　图 10.3 - 2　复杂钢结构节点设计示意图

（3）建立施工排砖三维数字模型。对地面墙面等铺装施工部位进行虚拟排砖，准确合理计算统计出所需的地砖或墙砖的材料用量和裁切方式，减少材料的浪费。

2. 优化场地布置

传统的施工场地及生活区临设布置是通过 CAD 绘制二维施工图进行方案策划，立体空间效果不强，对整个区域规划方案的对比和优化不利。采用 BIM 技术，可将整个需要规划的区域绘制成三维的立体实物布置图形进行展示，能够在可视状态下对规划方案直观地调整和优化，并根据施工进度，按阶段规划布置场地设施，达到合理利用场内空间、节约土地的目的。BIM 场地布置如图 10.3 - 3 所示。

3. 管线综合布置

传统管线综合图，都是以平面的方式去展现，在加工和施工时，会遇到各种碰撞交叉和矛盾点，只能在过程中遇到问题时被动更改走向和节点构件形状，造成材料浪费和工期延长。BIM 技术可以立体式展现管线走向，提前预测碰撞点，避免因管线更改或构件变更造成的材料和工期损失。管线综合应用如图 10.3 - 4 和图 10.3 - 5 所示。

图 10.3 – 3　BIM 场地布置

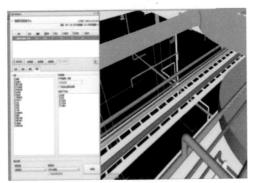

图 10.3 – 4　管线碰撞问题排查示意图

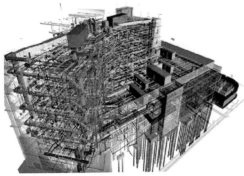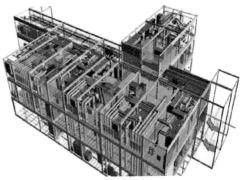

图 10.3 – 5　管线综合排布示意图

4. 关键工艺模拟

对于外形或结构形式复杂的建筑工程，施工过程会面临诸多的困难，常规绘图软件难以模拟。BIM 技术模拟关键施工工艺，可以提前预测困难点，并结合三维模拟效果进行研究，提出解决方案，保证施工措施的安全性和可靠性；同时节省材料，节约工期，提高施工效率。关键工艺模拟如图 10.3－6 所示。

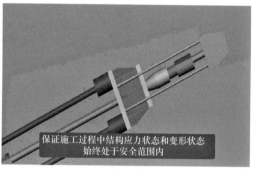

图 10.3－6　关键工艺模拟示意图

5. BIM 放样机器人

BIM 放样机器人将 BIM 技术与全站仪相结合，将 BIM 模型中的数据直接转化为现场的精准点位，具有快速、精准、智能、操作简便、劳动力需求少的优势。

BIM 放样机器人的工作步骤如下：

（1）从 BIM 模型中设置现场控制点坐标和建筑物结构点坐标分量作为 BIM 模型复合对比依据，在 BIM 模型中创建放样控制点。

（2）在已通过审批的机电 BIM 模型中，设置机电管线支吊架点位布置，并将所有的放样点导入系统中。

（3）进入现场，使用 BIM 放样机器人对现场放样控制点进行数据采集，即刻定位放样机器人的现场坐标。

（4）通过平板电脑选取 BIM 模型中所需放样点，指挥机器人发射红外激光自动照准现实点位，实现"所见点即所得"，从而将 BIM 模型精确地反映到施工现场。

BIM 放线机器人适用于施工精度要求高的工业与民用建筑（见图 10.3－7 和图 10.3－8）。

图 10.3－7　放线机器人实图

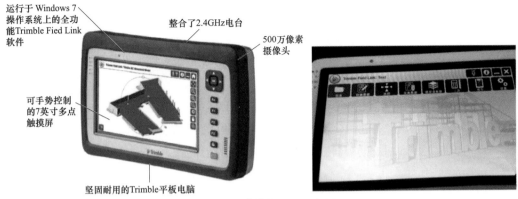

运行于 Windows 7 操作系统上的全功能 Trimble Fied Link 软件

整合了 2.4GHz 电台

500万像素摄像头

可手势控制的7英寸多点触摸屏

坚固耐用的 Trimble 平板电脑

图 10.3 – 8　放线机器人设备界面

10.4　数 字 孪 生 技 术

10.4.1　数字孪生技术概述

数字孪生（Digital Twin）是以数字化的方式建立物理实体的多维、多时空尺度，多学科、多物理量的动态虚拟模型，来仿真和刻画物理实体在真实环境中的属性、行为、规则等。数字孪生的概念最初于 2003 年由 Michael Gneves 教授在美国密歇根大学产品生命周期管理课程上提出，早期主要被应用在军工及航空航天领域。如美国空军研究实验室、美国国家航空航天局（NASA）基于数字孪生开展了飞行器健康管控应用；美国洛克希德·马丁公司将数字孪生引入到 F–35 战斗机生产过程中，用于改进工艺流程，提高生产效率与质量。由于数字孪生具备虚实融合与实时交互、迭代运行与优化，以及全要素、全流程、全业务数据驱动等特点，目前已被应用到产品生命周期各个阶段，包括产品设计、制造、服务与运维等。

我国坚持可持续发展理念，大力推行绿色建筑，但目前绿色建筑运营成本高昂，信息化和自动化管理能力不足，缺乏有效的运营成本控制，严重制约了行业的发展和绿色目标的实现。

10.4.2　数字孪生技术在绿色施工中的应用

我们可以以制造业领域的"数字孪生"理念为基础，分析绿色施工过程的特性需求和理论基础，提出基于数字孪生的绿色施工，推进施工现场的管理智慧化、生产智慧化、监控智慧化、服务智慧化。数字孪生模型可以利用例如物联网、大数据、云计算、BIM 等新技术，通过标准化的数据管理和互操性，建立安全共享数据连接的智慧系统。

构建绿色施工过程的数字孪生模型，可以建立物理世界与虚拟世界之间的实时关联，实现基于绿色建筑运营成本管理过程的实体与虚拟场景的交互。采集和管理施工现场"人、机、料、法、环"五大要素的信息，依靠交互、感知、决策、执行和反馈，将信息技术与施工技术深度融合与集成，实现建造过程的真实环境、数据、行为三个透明，从而达到绿色施工智能化管理的目标。数字孪生模型的理论基础包含三部分，即虚拟孪生、预测孪生、控制孪生。

（1）虚拟孪生。是指虚拟模型能完美地映射物理实体，具体见表10.4-1。一旦实现了绿色建筑实体的虚拟化，就能够获得与物理实体交互的功能抽象。比如，可以通过虚拟化抽象来查询或者控制绿色建筑设施，能够对该设施的当前状态做出反应。但是，仅仅对绿色施工过程的现状"做出反应"不是最优化施工。如果可以知道例如设备设施在未来何时出现问题，让工作人员有时间在问题发生之前就对风险隐患进行处理，从而保证安全、减少成本的支出，这才是更加重要的。

表 10.4-1　　　　　　　　　　　虚 拟 孪 生 的 概 念

孪生维度		简　　述
形态	外观	两者在外部表面形体上很相像
	结构	两者在内部结构上很相像
	材料	两者在细微材料上很相像
	行为	两者在功能行为上很相像
	状态	两者在时空状态上很相像

（2）预测孪生。预测孪生可以通过建立相应的计算模型，基于大量的历史数据、现有的状态数据或者是集成网络的数据学习，利用机器学习等技术对物理实体的未来状态进行预测。集成网络的数据学习是指多个同批次的物理实体同时进行不同的操作，并将数据反馈到同一个信息化平台，数字孪生根据海量的信息反馈，进行迅速的深度学习和精确模拟，并且能够做到对物理实体未来状态的预测。

（3）控制孪生。具体讲就是，从物理实体一侧，能根据采集到的物理实体的实际状态数据来更新数字虚体，使之同步运行；反之，从数字虚体一侧，能通过对虚拟模型的控制，实现对物理实体运行状态的控制（见图10.4-1）。

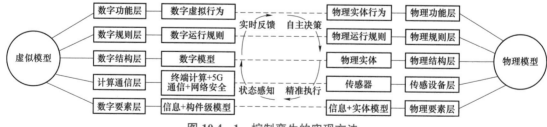

图 10.4-1　控制孪生的实现方法

控制孪生过程包含状态感控层、模型协同层、系统决策层和管理控制层四个部分：

1）状态感控层是整个体系的最底层，它由各种感控节点组成。负责采集人、设施设备、环境的状态数据，并对数据初步处理后上传给相应的数据库。它也可以根据模型协同层的数据或指令实现控制功能。

2）模型协同层以数据为中心，实现对来自虚拟模型和物理模型的数据存储、搜索、调配和管理。其目的是对比分析虚拟端和物理实体的状态差异，分析这些差异的原因，从而对虚拟模型和物理实体做出实时反馈和优化处理。

3）系统决策层由各子系统组成，这些子系统根据自身功能调用相关数据，对数据进行二次处理，从而实现对绿色施工的控制管理。

4）管理控制层负责提供人机交互功能和实现所有相关方沟通管理的协同管理平台，所有的相关方可以根据自己的权限，插入、提取、更新、修改和查看信息，以支持各自的协同工作。

整个数字孪生模型构成回路系统的推动力就是数据，以数据为桥梁，将虚拟孪生、预测孪生、控制孪生三部分有机地集成在同一个体系结构中，构建一个以数据为驱动的数字孪生绿色施工过程。

绿色施工数字孪生模型，可以为业主、物业管理方和政府监管部门提供绿色施工的环境、生态、建筑物、设备、经营等与运营成本相关的真实准确的实时信息，正确反映实际施工过程状况，为绿色施工过程成本控制、管理与决策提供良好的基础。同时，相关方可以根据自身的权限，直接通过对该系统的操作，实现对绿色建筑实体的控制管理。

10.5　大 数 据 技 术

10.5.1　大数据技术概述

对于"大数据"，研究机构高德纳咨询公司（Gartner）给出了这样的定义："大数据"是需要新处理模式才能具有更强的决策力、洞察发现力和流程优化能力来适应海量、高增长率和多样化的信息资产。麦肯锡全球研究所给出的定义是：一种规模大到在获取、存储、管理、分析方面大大超出了传统数据库软件工具能力范围的数据集合，具有海量的数据规模、快速的数据流转、多样的数据类型和价值密度低四大特征。

大数据技术是一种新型的数据处理模式，针对无法在一定时间内用常规软件进行捕捉、管理和处理的数据集合。大数据技术相对于普通的数据处理，具有更强的决策力和流程优化能力。大数据技术的战略意义不在于掌握庞大的数据信息，而在于对这些含有意义的数据进行专业化处理。换言之，如果把大数据比作一种产业，那么这种产业实现盈利的关键在于提高对数据的"加工能力"，通过"加工"实现数据的"增值"。

10.5.2　大数据技术在绿色施工中的应用

随着时代的进步，人类社会对绿色建设的要求不断更新提高，绿色施工技术决定了建筑工程的质量和施工效率。提高建筑的绿色施工技术水平是实现建筑建设专业技术重难点问题。如今进入大数据时代，绿色施工技术也在寻求新的突破方向。

1. 大数据技术在施工技术优化上的应用

（1）施工过程模拟及指导。工程施工是一个动态的过程，工人进行施工时反馈工程的实际数据，包括工程实际度量尺寸、施工步骤、工序、环节等。利用大数据技术对这些数据进行深度分析，可以对整个施工过程进行数字模拟，根据工程进度，提供更加可行的下一步施工方案，对整个施工过程进行数据指导。同时，针对大自然气候环境这种不可控因素，根据当地气象部门收集的数据，可以模拟施工过程中各项步骤可能发生的变形、损耗等，提前做好预防工作。

（2）施工管理现代化。应用大数据技术对施工过程进行模拟及指导后，对施工过程中的造价、工期等也要进行数字化管理，搭建数据信息平台。利用大数据技术越过人为实地考察，通过反馈得到的数据分类，并进一步分析，对符合正常施工情况的数据给予通过，对不符合正常情况的数据予以考察，有效规避其中人为因素造成的拖延工期、克扣成本等问题，实现现代化信息化施工管理。

（3）具体施工技术优化。针对具体施工技术优化从桩基问题、混凝土浇筑问题和钢筋问题三个方面进行简单阐述。首先，桩基问题关键在于施工区域地基复杂、难以控制。施工区域地基受到气候、环境等不可控因素影响，但并非无法预料。大数据技术依靠对纷繁数据的处理，模拟地基情况，分析桩基承受的压力载荷等，可以有效避免桩基施工中出现的问题。其次，大数据技术解决混凝土浇筑问题在于利用大数据技术调整混凝土调配比例，控制浇筑过程分层、分面、分段等浇筑技术，模拟当前气候下浇筑面的变形程度等。最后，由于钢筋设计对数据的依赖程度极高，大数据技术能排除不合理的数据，并深度挖掘数据信息，提高钢筋设计的合理性，规避钢筋设计失误带来的风险。

（4）节能技术优化。施工节能技术很大程度上依赖于施工当天的气候环境，常规的施工单位只能简单判断当天工程的施工效率；而借助大数据技术，利用实时反馈的气候信息，可以在短时间内计算出合适的节能技术。例如，结合当地气候环境降低给墙体带来的影响，帮助施工单位高效完成施工任务，同时减少施工过程的能耗。

（5）大数据在施工管理现场的模拟应用。智慧工地大数据中心是依托物联网、互联网建立的大数据管理平台，能够实现劳务管理、安全质量管理、绿色施工、物资设备管理等系统的智能化和互联互通，通过对施工数据的收集、上传，分析工程信息数据，提供过程趋势预测及预案，实现工程可视化智能管理和管理对象的针对性管理，并将管理资料系统化、集成化，进而提高工程管理信息化水平。

2. 大数据技术在人员管理过程中的应用

利用大数据建立个人档案。工程项目部以劳务实名制系统为核心，将劳务实名制与入场教育培训、门禁系统、产业工人培训基地、安全行为之星、视频监控 AI 智能分析、安全常识 Wi-Fi 密码答题等数据相关联，确保工人完成入场教育培训并考核合格后开放门禁权限。对个人安全基础分进行奖励或扣除，若低于限定分值则门禁系统锁死，该工人必须重新进入产业工人培训基地进行停工培训，合格后方能解锁再次上岗。对于未被扣除的安全积分可转换为电子券用于安全积分超市内生活物品兑换，通过正向引导，来提高施工人员的安全意识。

在个人档案建立后，项目部给劳务工人开设工资账户，统一办理银行卡，由银行点对点汇到个人工资卡上，然后将明细传回智慧 AI 信息系统，有效地防范和遏制劳务队伍恶意拖欠劳务工人工资的发生，真正给劳务工人吃下一颗定"薪"丸。

3. 大数据技术在动态过程中的应用

利用大数据建立安全档案。工程管理人员通过人员安全管理、质量巡检等安全档案记录，及时发现安全质量隐患，并制定整改措施，限定整改期限。指定落实责任人，对现场存在的安全质量隐患进行整改。同时，实时生成分析数据，按照部位、施工队伍、班组进行分类，管理人员可对存在问题较多的部位、班组进行针对性的管理，提高管理效率，同时还按照时间轴对隐患趋势进行预判，制定预案及管理措施。

4. 大数据技术在施工过程中的应用

作业人员严格受控，通过安全员观察、AI 智能识别、安全常识 Wi-Fi 密码答题等对个人安全基础分进行奖励或扣除。若低于限定分值则门禁系统锁死，该工人必须重新进入产业工人培训基地进行停工培训，合格后方能解锁再次上岗；对于未被扣除的安全积分可转换为电子券用于安全积分超市内生活物品兑换，通过正向引导，提高施工人员的安全意识。

5. 大数据技术在绿色施工过程中的实时监控应用

（1）利用大数据技术进行实时监控。管理人员将 TSP 监控设备、智能电表、智能水表等设备进行关联、数据整合，结合进度管理对噪声、扬尘、能源消耗等进行统计分析，针对噪声污染、扬尘超标、能源消耗较大的环节、工区制定针对性措施，为决策提供依据，同时对施工过程进行监控。这些设备让工地上长出了"眼睛""耳朵""鼻子"，它们看得见隐患，听得见噪声，闻得到粉尘，提高了监管信息化数字化、科学化智能化水平，实现了从现场检查向远程监控的延伸、从事后整改向过程控制的转变。

利用大数据反馈现场实况项目部将监控视频传输到智慧工地大数据中心平台，同时通过网页、手机 App 进行远程监控。借助全场地覆盖、全天候工作的摄像头，通过后台分析软件对现场作业人员的行为进行分析，工程项目部可判断劳动保护用品佩戴情况及现场违章作业。对于不按规定佩戴劳动保护用品或违章作业行为，可将违章情况通过人脸识别进行记录，违章人员需再次接受安全教育、消除违章后方可继续上岗。同时对于部分分析软件无法判定的违章，采用人工远程识别的方式辅助识别，最大程度上减少了习惯性违章，减轻现场安全人员监管强度。

（2）利用大数据实现施工车辆远程调度。在各车站现场设置车辆识别系统和智能称重系统，连线智慧 AI 大数据中心平台，对进出车辆、设备、物资进行自动记录及自动称重，同时对设备状态进行监控，以实现设备的智慧调度，提高了设备使用率。通过物联网对作业过程进行管控，针对异常或违章情况进行实时告知，提高作业人员对设备的掌控力度，配合工地现场的管理制度，建立安全施工体系，保障施工作业安全，防患于未然。

（3）基于大数据的项目成本分析与控制信息。利用项目成本管理信息化和大数据技术更科学和有效地提升工程项目成本管理水平和管控能力的技术。通过建立大数据分析模型，充分利用项目成本管理信息系统积累的海量业务数据，按业务板块、地区、重大工程等维度进行分类、汇总，对"工、料、机"等核心成本要素进行分析，挖掘出关键成本管控指标并利用其进行成本控制，从而实现工程项目成本管理的过程管控和风险预警。

大数据项目成本管理信息化系统包括收入管理、成本管理、资金管理和报表分析等模块。

1）收入管理模块应包括业主合同、验工计价、完成产值和变更索赔管理等功能，实现业主合同收入、验工收入、实际完成产值和变更索赔收入等数据的采集。

2）成本管理模块应包括价格库、责任成本预算、劳务分包、专业分包、机械设备、物资管理、其他成本和现场经费管理等功能，具有按总控数量对"工、料、机"的业务发生数量进行限制，按各机构、片区和项目限价对"工、料、机"采购价格进行管控的能力，能够编制预算成本和采集劳务、物资、机械、其他、现场经费等实际成本数据。

3）资金管理模块应包括债务支付集中审批、支付比例变更、财务凭证管理等功能，具有对项目部资金支付的金额和对象进行管控的能力，实现应付和实付资金数据的采集。

4）报表分析应包括"工、料、机"等各类业务台账和常规业务报表，并具备对劳务、物资、机械和周转料的核算功能，能够实时反映施工项目的总体经营状态。

成本业务大数据分析系统应具备以下功能：

1）建立项目成本关键指标关联分析模型。

2）实现对"工、料、机"等工程项目成本业务数据按业务板块、地理区域、组织架构和重大工程项目等分类的汇总和对比分析，找出工程项目成本管理的薄弱环节。

3）实现工程项目成本管理价格、数量、变更索赔等关键要素的趋势分析和预警。

4）采用数据挖掘技术形成成本管理的"量、价、费"等关键指标，通过对关键指标的控制，实现成本的过程管控和风险预警。

5）应具备与其他系统进行集成的能力。

10.6 云计算技术

10.6.1 云计算技术概述

云计算是信息时代的一大飞跃，虽然目前有关云计算的定义有很多，但概括来说，云计算的基本含义是一致的。即云计算具有很强的扩展性和需要性，可以为用户提供一种全新的体验，云计算的核心是可以将很多的计算机资源协调在一起，因此使用户通过网络就可以获取到无限的资源，同时获取的资源不受时间和空间的限制。

"云"实质上就是一个网络。狭义上讲，云计算就是一种提供资源的网络，使用者可以随时获取"云"上的资源，按需求量使用，并且可以看成是无限扩展的，只要按使用量付费即可。从广义上说，云计算是与信息技术、软件、互联网相关的一种服务，这种计算资源共享也叫作"云"，云计算把许多计算资源集合起来，通过软件实现自动化管理，只需要很少的人参与，就可使资源被快速提供。也就是说，计算能力作为一种商品，可以在互联网上流通，就像水、电、煤气一样，可以方便地取用，且价格较为低廉。

总之，云计算不是一种全新的网络技术，而是一种全新的网络应用概念。云计算的核心概念就是以互联网为中心，在网站上提供快速且安全的云计算服务与数据存储，让每一个使用互联网的人都可以使用网络上的庞大计算资源与数据中心。

10.6.2　云计算技术在绿色施工中的应用

云计算技术可以应用于绿色施工过程中的采购环节，应用于绿色施工智能化的云计算具有以下内容：

（1）服务虚拟化。基于云平台的各子系统软件平台和运行于各独立服务器的软件完全相同。

（2）资源弹性伸缩。系统可根据各子系统对存储及计算力的需要实时灵活配置资源，使系统的负荷效率较高。

（3）集成便利。通过软件接口将各子系统集成到统一平台，轻松实现数据和信息的共享。

（4）快速部署。借助云平台，可构建高效、快捷、灵活、稳定的新一代建筑智能节能管理平台，该平台可根据需求对各子系统进行快速调整、增加或减少。

（5）桌面虚拟化。只需提供给客户一个瘦终端，客户可按需定制所需的云桌面，所有数据资料存放在云端，方便统一管理，并且可随时随地登录自己的桌面。

（6）业务统一布署。现有的应用平台可迁移至云平台统一管理，以后的系统调整和升级可统一进行，可靠性高。

同时，在建筑业 10 项新技术中，也对其技术的应用指标提出了要求。

（1）通过搭建云基础服务平台，实现系统负载均衡、多机互备、数据同步及资源弹性调度等机制。

（2）具备符合要求的安全认证、权限管理等功能，同时提供工作流引擎，实现流程的可配置化及与表单的可集成化。

（3）提供规范统一的材料设备分类与编码体系、供应商编码体系和供应商评价体系。

（4）可通过社会统一信用代码校验及手机号码校验，确认企业及用户信息的一致性和真实性。云平台需通过数字签名系统验证用户登录信息，对用户账户信息及投标价格信息进行加密存储，通过系统日志自动记录采购行为，以提高系统安全性及法律保障。

（5）支持移动终端设备实现供应商查询、在线下单、采购订单跟踪查询等应用。

（6）实现与项目管理系统需求计划、采购合同的对接，以及与企业 OA 系统的采购审批流程对接。提供与其他相关业务系统的标准数据接口。

在科学技术快速发展的大背景下，企业使用信息系统的程度直接影响企业运行过程的信息化程度。就建筑行业而言，由于其自身性质和发展情况等多方面原因，该类型企业在更深程度上运用信息系统仍需经历较长的过程。在绿色施工项目中引入云计算相关技术，将在很大程度上推动云计算与绿色施工的融合发展，拓展绿色施工的相关方面，实现绿色施工发展模式的深度变革。

10.7 区 块 链 技 术

10.7.1 区块链技术概述

区块链起源于比特币。2008 年 11 月 1 日，一位自称中本聪（Satoshi Nakamoto）的人发表了《比特币：一种点对点的电子现金系统》一文，阐述了基于 P2P 网络技术、加密技术、时间戳技术、区块链技术等的电子现金系统的构架理念，这标志着比特币的诞生。

比特币白皮书英文原版其实并未出现"blockchain"一词，而是使用的"chain of blocks"。最早的比特币白皮书中文翻译版中，将"chain of blocks"翻译成了区块链。这是"区块链"这一中文词最早的出现时间。

中华人民共和国国家互联网信息办公室 2019 年 1 月 10 日发布《区块链信息服务管理规定》，自 2019 年 2 月 15 日起施行。作为核心技术自主创新的重要突破口，区块链的安全风险问题被视为当前制约行业健康发展的一大短板，频频发生的安全事件为业界敲响警钟。拥抱区块链，需要加快探索建立适应区块链技术机制的安全保障体系。

从科技层面来看，区块链涉及数学、密码学、互联网和计算机编程等较多科学技术问题。从应用视角来看，简单来说，区块链是一个分布式的共享账本和数据库，具有去中心化、不可篡改、全程留痕、可以追溯、集体维护、公开透明等特点。这些特点保证了区块链的"诚实"与"透明"，为区块链创造信任奠定了基础。而区块链丰富的应用场景，基本上都基于区块链能够解决信息不对称问题，实现多个主体之间的协作信任与一致行动。

区块链是分布式数据存储、点对点传输、共识机制、加密算法等计算机技术的新型应用模式。区块链是比特币的一个重要概念，它本质上是一个去中心化的数据库，同时作为比特币的底层技术，是一串使用密码学方法相关联产生的数据块，每一个数据块中包含了一批次比特币网络交易的信息，用于验证其信息的有效性（防伪）和生成下一个区块。

10.7.2　区块链技术在绿色施工中的应用

区块链技术作为一种信息储存方式区，具有去中心化、可溯源、信任度高等特点。区块链技术的透明、公平及可追溯性与工程项目信息集成管理理念相吻合。建立以区块链技术为核心的供应链信息平台可为产品进行信息追溯与防伪识别，通过该平台可以解决交易过程中各参与方信息不对称、产品信息追溯及事后追责困难等问题。

区块链技术能解决在当前监管机制下，监管机构无法实时掌握供应链交易的实时情况的问题，监管机构接入信息平台，把监管条例写入智能合约，并向监管部门开放特定信息查阅权限。监管部门就能实现供应链上的信息流、物流与资金流的动态监管。如此，不仅能够提高法律的约束力，做到防患于未然，而且在供应链出现问题时，监管机构也能通过信息追溯，迅速查找问题源头，实现取证便捷、问责可靠。

区块链技术与 BIM 技术结合，可以解决 BIM 技术在绿色建筑管理平台中的局限性。建筑项目的实施过程中会产生大量的信息和数据，比如合同、图纸、变更单、现场计量单等。在建筑行业，这些信息多依靠 BIM 平台整合。这些信息和数据上传到 BIM 平台，虽然有效整合了各专业分项领域的复杂知识，实现了数字化作业流程，集成协作的精细化管理；但是电子资料在迭代便利的流程中易于被修改，一旦出现问题，往往难于找到源头，即使找到根源诉诸法律，取证问责也同样困难重重。

在建筑项目设计、施工以及后续运维中，对材料、设备的供应链和资金链的管理也是问题不断。比如由于建材种类繁多，供应商来源不一，造成的品质参差不齐；由于交通管制等额外因素，造成的运输费用高昂；由于设计盲点或施工工艺有限，造成成本上升，预算不足。再比如采用传统、手工式仓储管理的公司，不仅仓储成本过高，而且监管质量不佳，容易出现库存积压或短缺，进而影响工程进度、成本投入，以及人力、财力、物力的浪费等。

区块链在 BIM 平台下绿色建筑管理的应用架构可分为四层：模型层、数据库层、区块链层和交互层，如图 10.7 - 1 所示。

（1）模型层。包含了建筑全生命周期的阶段性模型以及最后的总模型，并在模型中补充了与项目相关的业务信息、与材料供应相关的物流和财务信息等，这些信息和数据源于各阶段的主要参与方。比如在绿色建筑全生命周期中，主体参与者在通过 BIM 模型提取建筑和材料设计信息的同时，补充材料生产信息、功能信息、评价信息、价格信息等，实现信息流、物流、资金流的三流合一。

（2）数据库层。主要是对下层静态模型数据及动态监测数据等进行的采集、存储，并通过统一的文件格式，比如 IFC 标准，保证数据能够在平台与模型之间应用和转换，以满足在同一平台上对 BIM 数据进行统一管理和资源共享。

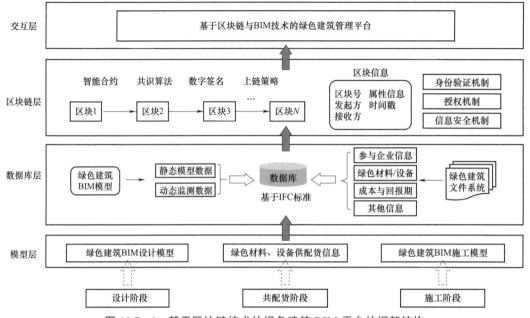

图 10.7-1 基于区块链技术的绿色建筑 BIM 平台的框架结构

（3）区块链层。是将一系列加盖了时间戳的数据区块以链条形式连接。这些区块代表着项目实施过程中，参与者之间发生的每一次交易记录，这些"交易"可以是物质流动、资金流动，也可以是信息流动（比如已完成项目任务、已完成资源交易、已完成施工任务等）。每个区块包含了当前的有效交易记录，以及对前一个区块的加密引用，存储于其中的数据或信息不可篡改、不可伪造。比如建材供应链的上下游交易信息，通过区块链被打包记录在信息集成平台上，以供项目各主体参与方的应用共享，其中包含交易双方的信息、时间、合同条款等。

（4）交互层。项目各参与方通过基于区块链与 BIM 技术的绿色建筑管理平台，对绿色建材和绿色设备的设计预算、供配货情况、施工用料等方面，实现溯源、存证、互信、沟通等监管诉求。此外，方便业主对企业内部以及供应链上下游企业的动态监管，一旦发生问题，不仅可以及时发现更换失信企业，也方便取证维权。

10.8 5G 技 术

10.8.1 5G 技术概述

5G 技术作为国家战略性行业，世界各国高度重视，将其视为数字经济基石，试图强化产业布局并塑造竞争新优势。一方面是 5G 技术能够带动运营商及设备企业、信息服务业务的快速增长；另一方面 5G 作为一项连接技术，与人工智能、远程控制技术等结合在工业互联网、自动驾驶等领域发挥乘数级效应。

5G 移动网络与早期的 2G、3G 和 4G 移动网络一样，是数字蜂窝网络，在这种网络中，供应商覆盖的服务区域被划分为许多被称为蜂窝的小地理区域。表示声音和图像的模拟信号在手机中被数字化，由模数转换器转换并作为比特流传输。蜂窝中的所有 5G 无线设备通过无线电波与蜂窝中的本地天线阵和低功率自动收发器（发射机和接收机）进行通信。收发器从公共频率池分配频道，这些频道在地理上分离的蜂窝中可以重复使用。本地天线通过高带宽光纤或无线回程连接与电话网络和互联网连接。与现有的手机一样，当用户从一个蜂窝穿越到另一个蜂窝时，他们的移动设备将自动"切换"到新蜂窝中的天线。

5G 网络的主要优势在于，数据传输速率远远高于以前的蜂窝网络，最高可达 10Gbit/s，比当前的有线互联网要快，比先前的 4G LTE 蜂窝网络速度快 100 倍。还有一个优点就是较低的网络时延（更快的响应时间），低于 1ms，而 4G 为 30~70ms。由于数据传输速度更快，5G 网络将不仅为手机提供服务，而且还将成为一般性的家庭和办公网络提供商，与有线网络提供商竞争。以前的蜂窝网络提供了适用于手机的低数据率互联网接入，但是一个手机发射塔不能经济地提供足够的带宽作为家用计算机的一般互联网供应商。

10.8.2　5G 技术在绿色施工中的应用

随着信息技术的发展，5G 技术日趋成熟，其与物联网技术的结合也更加紧密。5G 物联网是依托 5G 高速网络的无线互联网、传统光纤电信网等信息载体形成的独立功能的终端设备互联互通的网络。在物联网中，用户可应用电子标签将捆绑终端设备的真实物体网上连接，并通过大数据信息管理平台对机器、设备、人员进行集中管理、控制，类似自动化操控系统，聚集成大数据，并提供分析、预测与控制，实现物与人互联。在施工过程中，能够对人员、材料、设备进行合理的调度，有效地提高施工效率，充分利用资源，促进绿色施工的发展。

建筑工业化的采购制作阶段即由工业化建筑构件工厂为每个构件安装数据采集器、传感器机械固定装置（如预埋件），并创建可溯源标识（如永久二维码、近场射频识别芯片等），通过施工安装过程中的采集，将可溯源标识存储的信息录入建设工程（大数据）信息管理平台。通过安装数据采集终端、轴线定位终端网络、压力及变形传感器等终端数据采集设备，对施工安装过程中的构件及周边需监控的设备设施进行实时监控与传输，辅助现场采集员手持 3D 立体扫描仪等数据采集终端。依托 5G 物联网高速、低时延等特点，实时与平台中的 BIM 模型分解结构，以及相关的标准规范进行对照，及时反馈预警信息给决策层的项目管理与监管人员。如进场材料数据、构件安装垂直度及平整度、构件偏差、设施设备沉降等是否符合设计规范要求，通过云端系统追踪检查并人工复核构件生产使用情况、使用部位、偏差、隐蔽情况等，实时溯源至每个构件、设施设备及零配件，实现云端验收或指导整改。

10.9 GIS 技 术

10.9.1 GIS 技术概述

地理信息系统（Geographic Information System 或 Geo-Information system，GIS）又称为"地学信息系统"，是一种特定的、十分重要的空间信息系统。它是在计算机硬、软件系统支持下，对整个或部分地球表层（包括大气层）空间中的有关地理分布数据进行采集、储存、管理、运算、分析、显示和描述的技术系统。

地理信息系统是一个结合地理学、地图学、遥感和计算机科学的综合系统，已经广泛应用于不同的领域，是用于输入、存储、查询、分析和显示地理数据的计算机系统。随着GIS 的发展，也有称 GIS 为"地理信息科学"（Geographic Information Science）；近年来，也有称 GIS 为"地理信息服务"（Geographic Information service）。GIS 是一种基于计算机的工具，它可以对空间信息进行分析和处理（简言之，是对地球上存在的现象和发生的事件进行成图和分析）。GIS 技术把地图这种独特的视觉化效果和地理分析功能与一般的数据库操作（例如查询和统计分析等）集成在一起。

10.9.2 GIS 技术在绿色施工中的应用

1. 基于"GIS＋物联网"技术的绿色施工

基于 GIS 和物联网的建筑垃圾监管技术是指高度集成射频识别（RFID）、车牌识别（VLPR）、卫星定位系统、地理信息系统（GIS）、移动通信等技术，针对施工现场建筑垃圾进行综合监管的信息平台。该平台通过对施工现场建筑垃圾的申报、识别、计量、运输、处置、结算、统计分析等环节的信息化管理，可为过程监管及环保政策研究提供翔实的分析数据，有效推动建筑垃圾的规范化、系统化、智能化管理，全方位、多角度提升建筑垃圾管理的水平。基于 GIS 和物联网的建筑垃圾监管技术，可以很好地应用于绿色施工领域。

（1）申报管理。实现建筑垃圾基本信息、排放量信息和运输信息等的网上申报。

（2）识别、计量管理。利用摄像头对车载建筑垃圾进行抓拍，通过与建筑垃圾基本信息比对分析，实现建筑垃圾分类识别、称重计量，自动输出二维码标签。

（3）运输监管。利用卫星定位系统（GPS）和 GIS 技术实现对建筑垃圾运输进行跟踪监控，确保按照申报条件中的运输路线进行运输。利用物联网传感器实现对垃圾车辆防护措施进行实时监控，确保运输途中不随意遗撒。

（4）处置管理。利用摄像头对建筑垃圾倾倒过程实施监控，确保垃圾倾倒在指定地点。

（5）结算。对应垃圾处理中心的垃圾分类，自动产生电子结算单据，确保按时结算，并能对结算情况进行查询。

（6）统计分析。通过对建筑垃圾总量、分类总量、计划量的自动统计，与实际外运量进行对比分析，防止瞒报、漏报等现象。利用多项目历史数据进行大数据分析，找到相似类型项目建筑垃圾产生量的平均值，为后续项目的建筑垃圾管理提供参考。

2. 基于"BIM+GIS"技术的绿色施工

BIM 技术目前主要应用于单体建筑，其属性信息可以精细到构件级别，具有可视化程度高、建筑信息全面、协调性好等众多优势。但是对于整个园区或城区这样的宏观建筑群，BIM 技术则表现出宏观模型建模能力差、模型数据量大、可视化预处理时间长等众多弊端。GIS 技术经过几十年的研究与应用已经较为成熟，能够很好地处理海量的大范围地形数据，计算效率较高，系统运行流畅，对于宏观模型展示具有独特的优势；但是对于微观模型的展示则是短板，它无法创建精细化的建筑模型（模型信息粗略）。因此，把 BIM 与 GIS 技术结合起来，可以同时展示微观与宏观数据，将为工程可视化及管理提供更丰富、全面的信息。

基于 Skyline 平台，整合了 BIM 模型和 GIS 数据，实现了微观模型与宏观场景、数据的结合；通过软件二次开发、Web 和数据库技术，对微宏观模型进行动态控制，开发了基于 BIM 与 GIS 的工程项目的智慧管理系统，实现了 BIM 模型信息查看、GIS 模型进度显示、工程进度数据多样化展示等功能。智慧系统流程图如图 10.9-1 所示。

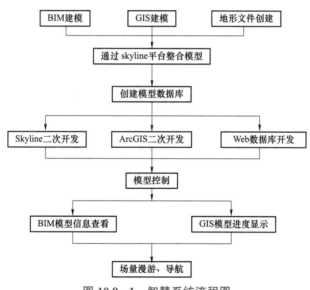

图 10.9-1　智慧系统流程图

3. 基于 GIS 技术的环境管理

随着经济的高速发展，环境问题越来越受到人们的重视，环境污染、环境质量退化已成为制约区域经济发展的主要因素之一。环境管理涉及人类的社会活动和经济活动的一切领域。传统的环境管理方式已不断受到挑战，逐渐落后于我国经济发展的要求。而 GIS 技术可为环境评价、环境规划管理等工作提供有力工具，如环境监测和数据收集、建立基础数据库和环境动态数据库、建立环境污染的有关模型、提供环境管理的统计数据和报表输出、环境作用分析和环境质量评价、环境信息传输和制图等。为提高我国环境管理的现代化水平，很多新型的环境管理信息系统不断建成。

10.10　虚拟现实技术

10.10.1　虚拟现实技术概述

1984 年，美国的 Jaron Lanier 首次提出了"虚拟现实"的概念。虚拟现实的含义由三个方面组成：可实现人体感官与自然环境的交互运动；可通过三维设备完成人机交互；虚拟现实通过计算机生成。虚拟现实具有沉浸、交互、构想三个基本特性，这三个特性使虚拟现实技术的人机交互感官体验非常逼真。根据"沉浸性"程度和交互程度的不同，虚拟现实系统可分为以下几类，见表 10.10-1。

表 10.10-1　　　　　　　　　　　虚 拟 现 实 系 统 分 类

虚拟现实系统类别	优点	缺点
桌面式 VR 系统	经济，用户自由，允许多用户加入	虚拟效果差
沉浸式 VR 系统	高度实时性、高度沉浸感，支持多种交互设备	价格昂贵、成本高
分布式 VR 系统	提供多用户、异地参与，虚拟效果好	价格昂贵、成本高
头戴式 VR 系统	虚拟效果优良，可通过头盔显示器显示	价格昂贵、成本高

当前，国内外虚拟现实表现技术主要包括 VRML 技术、FLASH 技术、Viewpoint 技术、JAVA 技术和 Cult3D 技术，这些技术和多媒体结合，可表现出多种形式的虚拟场景。

虚拟现实技术具有良好的交互性和沉浸性。与传统的 CAD 自然景观建筑设计方法相比，虚拟现实技术更加具有真实性，其内置的运动建模、物理建模、听觉建模对当前的虚拟感官要求更加适应。与传统设计模型相比，虚拟现实技术具有运动属性、声学属性、光学属性等优点，这些优点可通过虚拟环境中的动态物体、水和风等的伴音、亮度变化体现出来。与 3D 动画技术相比，虚拟现实技术支持实时渲染，便于方案优化设计；而 3D 技术效率低，交互性能差。

10.10.2　虚拟现实技术在绿色施工中的应用

目前业内对虚拟现实技术的应用并没有拓展到绿色建筑设计方面，但是基于虚拟现实技术的"3I"特性及我国现阶段绿色建筑发展中存在的不足，可以看出其应用潜力是巨大的，主要体现在可视化设计和引入用户行为两个方面。

（1）可视化设计。传统绿色建筑设计过程中，往往是通过平面二维图纸开展设计工作，用户对方案的了解多为通过二维图纸及设计师口述讲解，对没有专业基础的用户来说会存在识图困难的问题，造成对设计理解的偏差，实际建造效果并不能令用户满意，即便可以通过漫游动画、实体模型等手段来弥补，但只能对方案进 行片面的展示。而 VR 技术的引入，为绿色建筑的可视化设计开辟了一条新途径，使业主可以对建成效果有一个精准的把控，加深设计师和用户之间的沟通，有利于提高设计的完成度。

（2）引入用户行为。前文所提到我国现阶段绿色建筑设计对用户的感受关注不足，主要原因是在传统绿色建筑设计过程中并没有真正地将人的行为引入设计过程中，由于人的行为无法量化描述，设计师往往采用较宏观的功能分区、基于经验主义的人行流线，难以从真正的用户行为出发进行设计。VR 技术的引入使绿色建筑设计将真正实现从用户的感受出发，将用户的行为融入绿色建筑设计的过程之中，这是以往任何技术都无法实现的。VR 技术可真实地模拟建筑空间体验，可完整地记录、保存、统计用户的行进路线、停留时间、视线焦点等；同时能将建成后的用户评估提前，用户能够通过三维视角身临其境地了解建筑，从空间的尺度到材料的特性，并及时向设计者提出反馈意见。

附录 绿色施工管理评价评分表

表 1   "基本规定"检查表

工程名称		工程所在地	
施工单位名称		检查日期	
工程类别			

序号	基本内容	判定方法	结论
（一）	绿色施工项目应符合以下规定		
1	应建立绿色施工管理体系与管理制度，并实施目标管理		
2	施工组织设计中应设置专门的绿色施工章节，实施过程中宜编制绿色施工专项方案		
3	绿色施工专项方案应注重新技术、新工艺、新材料、新设备的研究和推广应用	措施到位，全部满足《基本内容》要求时，进入"五节一环保"的要素评价流程；否则，为非绿色施工项目	
4	应组织对项目管理人员及施工人员进行绿色施工专项方案及相关知识的培训		
5	应组织开展绿色施工专项检查		
6	应制订施工现场环境污染和职业危害等突发事件的应急预案		
7	应根据合同要求，明确绿色施工措施费用		
8	应定期进行绿色施工评价，制定改进措施		
9	采集和保存过程管理资料和自检评价记录等绿色施工资料		
（二）	发生下列事故之一，不得评为绿色施工示范项目		
1	发生安全生产事故		
2	发生质量责任事故	"全部未发生"即没有发生任何一项事故，全部满足要求时，进入"五节一环保"的要素评价流程；否则，为非绿色施工项目	
3	发生群体传染病、食物中毒等责任事故		
4	施工中因环境保护问题被政府管理部门处罚		
5	施工扰民造成严重社会影响		

符合"√"；不符合"×"；没有发生"未发生"

检查组组长签字：

检查组成员签字：

表 2　　　　　　　　　　　　　　　　　环境保护要素评价表

工程名称		工程所在地	
施工单位名称		检查日期	
工程类别			

控制项	相关要求	评价标准	结论
	1. 应编制生态保护及污染物治理专项措施方案	措施到位，全部满足要求，进入一般项和优选项评价流程；否则，为非绿色施工项目	
	2. 应建设或配备生态保护及污染物治理设施和设备		
	3. 应开展扬尘、噪声、污水等监测、检测工作		
	4. 施工现场的文物古迹和古树名木应采取有效保护措施		

	相关要求	计分标准	应得分	实得分
一般项	1. 对裸露地面、集中堆放的土方应采取抑尘措施	每一条目得分根据现场实际，在0~2分之间选择： 措施到位，满足考评指标要求，得分2.0； 措施基本到位，部分满足考评指标要求，得分1.0； 措施不到位，不满足考评指标要求，得分0	2	
	2. 运送土方、渣土等易产生扬尘的车辆应采取封闭或遮盖措施		2	
	3. 现场进出口应设冲洗池，保持进出现场车辆清洁		2	
	4. 易产生扬尘的建材应按要求密闭贮存，不能密闭时应采取严密覆盖措施		2	
	5. 易产生扬尘的施工作业应采取遮挡、抑尘等措施		2	
	6. 高空垃圾清运应采用封闭式管道或封闭式容器吊运		2	
	7. 进出场车辆及机械设备废气排放应符合国家年检要求		2	
	8. 电焊烟气的排放应符合现行国家标准《大气污染物综合排放标准》（GB 16297—1996）的规定		2	
	9. 现场道路和材料堆放场地周边应设排水沟		2	
	10. 现场厕所应设置化粪池，化粪池应定期清理		2	
	11. 厨房应设隔油池，应定期清理		2	
	12. 夜间焊接作业时，应采取挡光措施		2	
	13. 工地设置大型照明灯具时，应有防止强光线外泄的措施		2	
	14. 应采用先进机械、低噪声设备进行施工，机械、设备应定期保养维护		2	
	15. 产生噪声较大的机械设备，应远离施工现场办公区、生活区和周边敏感区		2	
	16. 混凝土输送泵、电锯房等应设有吸声降噪屏或其他降噪措施		2	
	17. 夜间施工噪声声强值应符合国家有关规定		2	
	18. 施工现场应设置连续、密闭能有效隔绝各类污染的围挡		2	

	相关要求	计分标准	应得分	实得分
优选项	1. 施工作业面应设置隔声设施	每一条目得分据现场实际，在0~1分之间选择： 措施到位，满足考评指标要求，得分1.0； 措施基本到位，部分满足考评指标要求，得分0.5； 措施不到位，不满足考评指标要求，得分0	1	
	2. 现场应设置可移动环保厕所，并应定期清运、消毒		1	
	3. 现场应设噪声监测点，并应实施动态监测		1	
	4. 现场应有医务室，人员健康应急预案应完善		1	
	5. 施工应采取基坑封闭降水措施		1	
	6. 现场应采用喷雾设备降尘		1	
	7. 建筑垃圾回收利用率应达到50%		1	
	8. 工程污水应采取去泥沙、除油污、分解有机物、沉淀过滤、酸碱中和等处理方式，实现达标排放		1	
	9. 采用数字化建模并结合仿真模拟技术对环境保护方案进行优化		1	

说明：一般项得分 $A=(B/C) \times 100$
式中：A——折算分；B——实际发生项条目实得分之和；C——实际发生项条目应得分之和。
优选项得分 $D=$
式中：D——优选项实际发生条目加分之和。
要素评价得分 $F=$
式中：$F=$一般项得分 $A+$优选项得分 D

检查组组长签字：

检查组成员签字：

表3 节材与材料资源利用要素评价表

工程名称			工程所在地	
施工单位名称			检查日期	
工程类别				

控制项	相关要求	评价标准	结论
	1. 应根据施工进度、库存情况等，编制材料使用计划	措施到位，全部满足要求，进入一般项和优选项评价流程；否则，为非绿色施工项目	
	2. 建立限额领料、节材管理等制度，加强现场材料管理		

	相关要求	计分标准	应得分	实得分
一般项	1. 施工应根据就地取材的原则	每一条目得分根据现场实际，在0~2分之间选择： 措施到位，满足考评指标要求，得分 2.0； 措施基本到位，部分满足考评指标要求，得分 1.0； 措施不到位，不满足考评指标要求，得分 0	2	
	2. 施工应优先选用绿色、环保材料		2	
	3. 临建设施应采用可回收、可周转材料		2	
	4. 临时办公、生活用房及构筑物等应合理利用既有设施		2	
	5. 临建设施宜采用工厂预制、现场装配的可拆卸、可循环使用的构件和材料等		2	
	6. 应因地制宜，采用新技术、新工艺、新设备、新材料		2	
	7. 应提高模板、脚手架体系的周转率		2	
	8. 建筑余料应合理使用		2	
	9. 临建设施应充分利用既有建筑物、市政设施和周边道路		2	
	10. 现场办公用纸应分类摆放，纸张应两面使用，废纸应回收		2	

	标准编号及要求	计分标准	应得分	实得分
优选项	1. 应采用建筑配件整体化或建筑构件装配化安装的施工方法	每一条目得分根据现场实际，在0~1分之间选择： 措施到位，满足考评指标要求，得分 1.0； 措施基本到位，部分满足考评指标要求。得分 0.5； 措施不到位，不满足考评指标要求，得分 0	1	
	2. 宜推广使用高强度钢材、高强度钢筋		1	
	3. 主体结构施工应选择自动提升、顶升模架或工作平台		1	
	4. 建筑材料包装物回收率应达到100%		1	
	5. 现场应使用预拌砂浆		1	
	6. 水平承重模板应采用早拆支撑体系		1	
	7. 现场临建设施、安全防护设施应定型化、工具化、标准化		1	

说明：一般项得分 $A=(B/C) \times 100$
式中：A——折算分；B——实际发生项条目实得分之和；C——实际发生项条目应得分之和。
优选项得分 $D=$
式中：D——优选项实际发生条目加分之和。
要素评价得分 $F=$
式中：$F=$一般项得分 $A+$优选项得分 D

检查组组长签字：

检查组成员签字：

表4　　　　　　　　　　　　　　节水与水资源利用要素评价表

工程名称		工程所在地	
施工单位名称		检查日期	
工程类别			

控制项	相关要求	评价标准	结论	
	1. 施工用水应进行系统规划并建立水资源保护和节约管理制度	措施到位，全部满足要求，进入一般项和优选项评价流程；否则，为非绿色施工项目		
	2. 生产区、办公区、生活区用水应分项计量，并建立用水台账			

一般项	相关要求	计分标准	应得分	实得分
	1. 施工现场办公区、生活区的生活用水应采用节水器具，节水器具配置率应达到100%	每一条目得分根据现场实际，在0～2分之间选择：措施到位，满足考评指标要求，得分2.0；措施基本到位，部分满足考评指标要求，得分1.0；措施不到位，不满足考评指标要求，得分0	2	
	2. 施工现场的生活用水与工程用水应分别计量		2	
	3. 施工中应采用先进的节水施工工艺		2	
	4. 混凝土养护和砂浆搅拌用水应合理，有节水措施		2	
	5. 管网和用水器具不应有渗漏		2	
	6. 冲洗现场机具、设备、车辆用水，应设立循环用水装置		2	

优选项	相关要求	计分标准	应得分	实得分
	1. 施工现场应建立基坑降水再利用的收集处理系统	每一条目得分根据现场实际，在0～1分之间选择：措施到位，满足考评指标要求，得分1.0；措施基本到位，部分满足考评指标要求，得分0.5；措施不到位，不满足考评指标要求，得分0	1	
	2. 施工现场应有雨水收集利用的设施		1	
	3. 喷洒路面、绿化浇灌不应使用自来水		1	
	4. 生活、生产污水应处理并使用		1	
	5. 现场应使用经检验合格的非传统水源		1	

说明：一般项得分 $A=(B/C)\times100$

式中：A——折算分；B——实际发生项条目实得分之和；C——实际发生项条目应得分之和。

优选项得分 $D=$

式中：D——优选项实际发生条目加分之和。

要素评价得分 $F=$

式中：$F=$ 一般项得分 $A+$ 优选项得分 D

检查组组长签字：

检查组成员签字：

表5 　　　　　　　　　　　　节能与能源利用要素评价表

工程名称		工程所在地	
施工单位名称		检查日期	
工程类别			

	相关要求	评价标准	结论	
控制项	1. 应建立节能与能源利用管理制度，明确施工能耗指标，制定节能降耗措施	措施到位，全部满足要求，进入一般项和优选项评价流程；否则，为非绿色施工项目		
	2. 禁止使用国家明令淘汰的施工设备、机具及产品			
	3. 应建立主要耗能设备设施管理台账，机械设备应定期维修保养确保良好运行工况			

	相关要求	计分标准	应得分	实得分
一般项	1. 应采用节能型设施	每一条目得分根据现场实际，在0~2分之间选择：措施到位，满足考评指标要求，得分2.0；措施基本到位，部分满足考评指标要求，得分1.0；措施不到位，不满足考评指标要求，得分0	2	
	2. 临时用电应设置合理，管理制度齐全并落实到位		2	
	3. 应采用能源利用效率高的施工机械设备		2	
	4. 施工机具资源应共享		2	
	5. 应定期监控重点耗能设备的能源利用情况，并有记录		2	
	6. 应建立设备技术档案，并定期进行设备维护、保养		2	
	7. 建筑材料的选用应缩短运输距离，减少能源消耗		2	
	8. 应采用能耗少的施工工艺		2	
	9. 应合理安排施工工序和施工进度		2	
	10. 应尽量减少夜间作业和冬期施工的时间		2	

	相关要求	计分标准	应得分	实得分
优选项	1. 根据当地气候和自然资源条件，应合理利用太阳能或其他可再生能源	每一条目得分根据现场实际，在0~1分之间选择：措施到位，满足考评指标要求，得分1.0；措施基本到位，部分满足考评指标要求，得分0.5	1	
	2. 临时用电设备应采用自动控制装置		1	
	3. 使用的施工设备和机具应符合国家、行业有关节能、高效、环保的规定		1	
	4. 办公、生活和施工现场，宜采用节能照明灯具		1	
	5. 办公、生活和施工现场用电应分别计量		1	

说明：一般项得分 $A=(B/C)\times100$

式中：A——折算分；B——实际发生项条目实得分之和；C——实际发生项条目应得分之和。

优选项得分 $D=$

式中：D——优选项实际发生条目加分之和。

要素评价得分 $F=$

式中：$F=$一般项得分 $A+$优选项得分 D

检查组组长签字：

检查组成员签字：

表6　　　　　　　　　　　节地与土地资源保护要素评价表

工程名称		工程所在地	
施工单位名称		检查日期	
工程类别			

	相关要求	评价标准	结论	
控制项	1. 应建立节地与土地资源保护管理制度,制定节地措施	措施到位,全部满足要求,进入一般项和优选项评价流程;否则,为非绿色施工项目		
	2. 应对施工现场进行统筹规划、合理布置并实施动态管理			
	3. 施工单位应充分了解施工现场及毗邻区域内人文景观保护要求、工程地质情况及基础设施管线分布情况,制定相应保护措施,并应报请相关方核准			

	相关要求	计分标准	应得分	实得分
一般项	1. 施工总平面布置应紧凑,并应尽量减少占地	每一条目得分根据现场实际,在0~2分之间选择:措施到位,满足考评指标要求,得分2.0;措施基本到位,部分满足考评指标要求,得分1.0;措施不到位,不满足考评指标要求,得分0	2	
	2. 应根据现场条件,合理设计场内交通道路		2	
	3. 应采用商品混凝土		2	
	4. 应采取防止水土流失的措施		2	
	5. 应充分利用山地、荒地作为取、弃土场的用地		2	
	6. 施工后应恢复植被		2	
	7. 应对深基坑施工方案进行优化,并减少土方开挖和回填量,保护用地		2	
	8. 在生态脆弱的地区施工完成后,应进行地貌复原		2	

	相关要求	计分标准	应得分	实得分
优选项	1. 临时办公和生活用房应采用结构可靠的多层轻钢活动板房、钢骨架多层水泥活动板房等可重复使用的装配式结构	每一条目得分根据现场实际,在0~1分之间选择:措施到位,满足考评指标要求,得分1.0;措施基本到位,部分满足考评指标要求,得分0.5;措施不到位,不满足考评指标要求,得分0	1	
	2. 对施工中发现的地下文物资源,应进行有效保护,处理措施恰当		1	
	3. 地下水位控制应对相邻地表和建筑物无有害影响		1	
	4. 钢筋加工应配送化,构件制作应工厂化		1	
	5. 施工总平面布置应能充分利用和保护原有建筑物、构筑物、道路和管线等,职工宿舍应满足 2.5m²/人的使用面积要求		1	

说明:一般项得分 $A=(B/C)\times100$

式中:A——折算分;B——实际发生项条目实得分之和;C——实际发生项条目应得分之和。

优选项得分 $D=$

式中:D——优选项实际发生条目加分之和。

要素评价得分 $F=$

式中:F=一般项得分 A+优选项得分 D

检查组组长签字:

检查组成员签字:

表7 节约与保护人力资源要素评价表

工程名称		工程所在地	
施工单位名称		检查日期	
工程类别			

	相关要求	评价标准	结论	
控制项	1. 应建立节约与保护人力资源管理制度	措施到位，全部满足要求，进入一般项和优选项评价流程；否则，为非绿色施工项目		
	2. 施工作业区、生活区和办公区应分开布置，生活设施远离有毒有害物质			

	相关要求	计分标准	应得分	实得分
一般项	1. 作业人员应正确使用防护用品	每一条目得分根据现场实际，在0～2分之间选择： 措施到位，满足考评指标要求，得分2.0； 措施基本到位，部分满足考评指标要求，得分1.0； 措施不到位，不满足考评指标要求，得分0	2	
	2. 应制定职业病预防措施，定期对从事有职业病危害作业的人员进行体检		2	
	3. 现场宿舍人均使用面积不得小于 2.5m²，并设置可开启式外窗；每间住宿人数不能超过 16 人，通道宽度不低于 0.9m		2	
	4. 应制定食堂卫生、食材及生活用水管理制度，器具清洁		2	
	5. 卫生设施、排水沟及阴暗潮湿地带应定期消毒，厕所保持清洁，化粪池定期清掏		2	

	相关要求	计分标准	应得分	实得分
优选项	1. 宜建立实名制信息管理平台	每一条目得分根据现场实际，在0～1分之间选择： 措施到位，满足考评指标要求，得分1.0； 措施基本到位，部分满足考评指标要求，得分0.5； 措施不到位，不满足考评指标要求，得分0	1	
	2. 宜采用数字化管理和人工智能技术		1	
	3. 宜采用机械喷涂抹灰等自动化施工设备		1	
	4. 员工宿舍宜设置报警、防火等安全装置		1	
	5. 宜建立食堂熟食留样制度和台账		1	

说明：一般项得分 $A=(B/C)\times100$

式中：A——折算分；B——实际发生项条目实得分之和；C——实际发生项条目应得分之和。

优选项得分 $D=$

式中：D——优选项实际发生条目加分之和。

要素评价得分 $F=$

式中：$F=$一般项得分 A ＋优选项得分 D

检查组组长签字：

检查组成员签字：

表 8　　　　　　　　　　　绿色施工管理评价汇总打分表

工程名称		工程所在地	
施工单位名称		检查日期	
工程类别			

评价要素	评价得分	权重系数	权重后得分
1. 环境保护		0.2	
2. 节材与材料资源利用		0.2	
3. 节水与水资源利用		0.2	
4. 节能与能源利用		0.2	
5. 节地与土地资源保护		0.1	
6. 节约与保护人力资源		0.1	
合计			

说明：合计=∑权重后得分（评价得分×权重系数）

检查组组长签字：

检查组成员签字：

参 考 文 献

[1] 吕佰昌，张毅. 虚拟现实技术在绿色建筑设计中的应用研究 [J]. 河北建筑工程学院学报，2019，37（01）：76 – 79.

[2] 李聪，姜娟，姜龙华，袁东辉，牛寅龙. 浅谈绿色施工技术管理 [J]. 施工技术，2017，46（S2）：1323 – 1325.

[3] 马荣全. 绿色施工概念解析及推广应用 [R]. 中国建筑第八工程局，2014.

[4] 肖绪文，冯大阔. 我国推进绿色建造的意义与策略 [J]. 施工技术，2013，42（07）：1 – 4.

[5] 姚锐，陈爽. 论述绿色建筑施工技术要点 [J]. 建筑工程技术与设计，2017，（11）：1027 – 1027.

[6] 钱仁兴. 基于绿色施工理念下建筑施工管理探析 [J]. 科技创新与应用，2017（17）：245 – 245.

[7] 马宁. 绿色施工技术在建筑工程施工中的应用 [J]. 住宅与房地产，2021（05）：82 – 83.

[8] 王春英. 浅谈创建节约型工地、节约型施工企业 [J]. 科技风，2009（13）：43.

[9] 王雪钰. "一带一路"背景下对国际水电工程绿色施工与节能降耗的研究 [D]. 成都：西南交通大学，2019.

[10] 张桂云. 绿色施工技术在建筑工程中的实践运用 [J]. 建筑工程技术与设计，2015，（22）：205 – 205.

[11] 王艳. 房屋建筑绿色施工技术应用研究 [D]. 南京：东南大学，2019.

[12] 建筑界：了解绿色建造内涵，住建部专业人士解读《绿色建造技术导则（试行）》[DB/OL]. https://www.jianzhuj.cn/news/56197.html.2021.4.15.

[13] 韩建坤. 建筑工程绿色施工管理研究 [D]. 石家庄：石家庄铁道大学，2019.

[14] 李馨. 建筑工程绿色施工评价研究 [D]. 济南：山东科技大学，2020.

[15] 李宏煦. 生态社会学概论 [M]. 北京：冶金工业出版社，2009.

[16] I. L. McHarg. 设计结合自然 [M]. 天津：天津大学出版社，2006.

[17] Nahmens, Isabelina. From lean to green construction: A natural extension[C]. Building a Sustainable Future-proceedings of the 2009 Construction ResearchCingress. 2009: 1058 – 1067.

[18] Arif, Mohammed. Green Construction in Indian: Gaining a Deeper Understanding[J]. Journal of Architecture Engineering, V15, nl, p10 – 13, 2009.

[19] ICC makes rapid progress International Green Construction Code[EB/OL]. 2010.

[20] 王清勤. 世界绿色建筑评估体系 [Z]. 2018.

[21] G. Bassioni A study towards greener construction [J]. Original Research Article Applied Energy，Corrected Proof，Available，2010. 10（12）.

[22] BREEAM (Building Research Establishment Environmental Assessment Method), Homepage, available at http: //www. bre. CO. uk.

[23] Raymond Cole, Nils Larsson. GBC2000 Assessment Manual. Ottawa: Green Building Challenge, 2000, 5 – 88.

[24] 美国绿色建筑委员会. 绿色建筑评估体系第二版，LEEDTM2.0 [M]. 北京：中国建筑工业出版社，2002.

[25] 日本可持续建筑协会. 建筑物综合环境性能评价体系——绿色设计工具（CASBEE）[M]. 北京：

中国建筑工业出版社，2005.

[26] 申琪玉，李惠强．绿色施工应用价值研究［J］．施工技术．2005．11：60-62.

[27] 赵升琼．建筑可持续发展中的绿色施工技术［J］．科技创业月刊．2009．22（07）：62-63.

[28] 刘晓宁．建筑工程项目绿色施工管理模式研究［J］．武汉理工大学学报．2010．32（22）：196-199.

[29] 郭晗，邵军义，董坤涛．绿色施工技术创新体系的构建［J］．绿色建筑．2011．3（01）：49-53.

[30] 王军翔．绿色施工与可持续发展研究［D］．济南：山东大学．2012.

[31] 肖绪文，冯大阔．建筑工程绿色施工现状分析及推进建议［J］．施工技术，2013（1）：12-15.

[32] 肖绪文．建筑工程绿色施工［M］．北京：中国建筑工业出版社，2013.

[33] 刘赵昊旻．基于 BIM 与知识管理的绿色施工信息化管理研究［D］．武汉：武汉大学，2019.

[34] 王之千．基于虚拟现实技术的自然景观建筑空间设计与规划［J］．重庆理工大学学报（自然科学），2020，34（03）：152-157.

[35] 刘创，周千帆，许立山，殷允辉，苏前广．"智慧、透明、绿色"的数字孪生工地关键技术研究及应用［J］．施工技术，2019，48（01）：4-8.

[36] 陶飞，刘蔚然，张萌，等．数字孪生五维模型及十大领域应用［J］．计算机集成制造系统，2019，25（01）：1-18.

[37] 中华人民共和国住房和城乡建设部．关于做好《建筑业 10 项新 技术（2017 版）》推广应用的通知［EB/OL］．（2017-10-25）．http://www.mohurd.gov.cn/wjfb/201711/t20171113_233938.html.

[38] 杨富春，王静，谭丁文．《建筑业 10 项新技术（2017 版）》信息化技术综述［J］．建筑技术，2018，v. 49；No. 579（03）：66-71.

[39] 唐永军．基于云计算的建筑工程监控系统的设计与实现［J］．山西建筑，2020，46（13）：189-190.

[40] 王艺蕾，陈烨，王文．基于数字孪生的绿色建筑运营成本管理系统设计与应用［J］．建筑节能，202/48（09）：64-70.

[41] 罗永康．浅析大数据技术在建筑施工技术中的应用前景［J］．山西建筑，2020，46（16）：180

[42] 魏炜，张宗才，张华振，等．基于 BIM 与 GIS 的城市工程项目智慧管理［C］．中国土木工2018 年学术年会论文集．北京：中国建筑工业出版社，2018．132-140.

[43] Li Yan, Gaoxiong, Liu Xiaowei, Zhang Ruijue, Wu Yansheng. Green Construction Eval Based on BIM Distributed Cloud Service[J]. IOP Conference Series: Earth and Environ 2021, 760 (1).

[44] Tang Xiaoqiang. Research on Comprehensive Application of BIM in Green Construc Buildings[J]. IOP Conference Series: Earth and Environmental Science, 2021, 760

[45] 刘玉茂．5G 物联网技术时代建设工程项目信息管理领域的发展前景［J］．城118-120.

[46] 王梦超．基于区块链与 BIM 技术的绿色建筑管理平台的应用研究［J］．智能（07）：65-66+68.

[47] 万晓曦．港珠澳大桥的绿色施工创新技术［J］．中国建设信息化，2017（0